茶　艺

黄燕群　陈森英　主编

中国农业大学出版社
·北京·

内 容 简 介

中华五千年文化的积淀，使文明古国的声誉广播于世界，而茶文化是伟大中华民族深厚文化内涵中不可或缺的重要内容。

《茶艺》旨在弘扬中华优良传统、传播茶道精神。本书共分为6章，详尽介绍了茶文化的历史发展以及茶艺的基础知识、茶艺师服务礼仪，是一本实用、通俗的茶文化读本。

本教材适宜中等职业学校茶艺专业和茶艺公共选修课学生以及其他参加初、中级茶艺师执业资格考试的茶艺爱好者学习使用。

图书在版编目(CIP)数据

茶艺/黄燕群，陈森英主编. —北京：中国农业大学出版社，2017.6

ISBN 978-7-5655-1801-0

Ⅰ.①茶… Ⅱ.①黄… ②陈… Ⅲ.①茶文化-中国-中等专业学校-教材 Ⅳ.①TS971.21

中国版本图书馆CIP数据核字(2017)第084820号

书　名 茶艺

作　者 黄燕群 陈森英 主编

策划编辑 梁爱荣　**责任编辑** 梁爱荣

封面设计 郑　川　**责任校对** 王晓凤

出版发行 中国农业大学出版社

社　址 北京市海淀区圆明园西路2号　**邮政编码** 100193

电　话 发行部 010-62818525,8625　读者服务部 010-62732336

编辑部 010-62732617,2618　出　版　部 010-62733440

网　址 http://www.cau.edu.cn/caup　**E-mail** cbsszs @ cau.edu.cn

经　销 新华书店

印　刷 涿州市星河印刷有限公司

版　次 2017年6月第1版　2017年6月第1次印刷

规　格 787×980　16开本　11.75印张　150千字

定　价 29.00元

编写人员

主　编　黄燕群　陈森英

副主编　梁战锋　欧时昌　易　卫

参　编　徐　谦　苏　恒　石濡菲

✿ 前　言

我国是世界上最早发现和使用茶叶的国家，是茶文化的发祥地。中国茶文化是经历数千年发展演变而成的独特的文化模式和规范，是多民族、多社会结构、多层次的文化整合系统，可谓博大精深且源远流长。随着时代的发展，人们对茶文化的认识越来越多，茶产品的文化性成为茶业竞争的重要元素。如今许多地方相应建立的以茶为主体的茶博览会、茶艺馆、茶食馆、旅游观光茶园等，以茶和茶文化为主题，以休闲、娱乐和获取茶知识为目的，以内容丰富的系列活动为载体，成为茶文化休闲旅游的重要组成部分，并获得了较好的经济和社会效益。泡茶可修身养性，品茶如品味人生。茶艺作为茶文化和休闲旅游的表现形式之一，融知识性与实践性于一体，具有很强的实用性和观赏性。

本书主要分为六章，第一章简要介绍了茶之历史，包括茶的起源和传播；第二章为茶之文化，主要包括茶诗、茶画以及茶文；第三章为茶艺，主要介绍了茶艺的概念、历史以及相关流派；第四章为茶之水，主要包括泡茶用水和泡茶要素；第五章为茶之具，简要介绍了茶艺用具以及泡茶不同用具的选配；第六章为茶艺礼仪，主要包括茶艺服务人员的礼仪以及行茶技艺。总的来说，本书理论性强、专业知识丰富，还配有相应的插图以加深读者对文字的理解，是一本不可多得的专业性书籍。

本书在写作过程中借鉴了一些学者、专家的宝贵资料，在此向他们表示诚挚的敬意。由于作者水平、时间和精力有限，书中难免会有不足之处，希望广大专家、读者给予指正，以便将来对本书进行补充修改，使之进一步完善。

编　者

2017 年 1 月

目 录

第一章 茶之历史

第一节 茶的起源

中国是世界上最早使用茶叶的国家，至今已有 5 000 年的历史，是茶树的原产地。早在西汉末期，茶叶已成为商品，并开始讲究茶具和泡茶技艺。到了唐代，饮茶蔚然成风，茶叶生产发达，茶税也成为政府的财政收入之一。茶树种植技术、制茶工艺、泡茶技艺和茶具制作等方面都达到前所未有的水平，还出现了世界上最早的一部茶书——陆羽的《茶经》。我国饮茶风气在唐代以前就传入朝鲜和日本，相继形成了“茶礼”和“茶道”，至今仍盛行不衰。

17 世纪前后，茶叶又传入欧洲各国。茶叶如今已成为世界三大饮料之一，这是中国劳动人民对世界文明的一大贡献。

一、茶树溯源

1. 茶树原产地之争

1824 年，一个叫勃鲁士的英国少校，在印度阿萨姆省沙地耶发现了野生茶树。于是，国外有人以此为证开始对中国是茶树原产地的事实提出了异议。但是，多数学者认为茶树原产地在中国。1935 年，印度茶业委员会组织了一个科学调查团，对印度沙地耶发现的野生茶树进行了调查研究。结果，植物学家瓦里茨博士和格里费博士都断定，勃鲁士发现的野生茶树，与从中国传入印度的茶树同属中国茶树的变种，至于茶树的某些差异，那是野生已久的缘故。1892 年美国学者瓦尔茨的《茶的历史及其秘诀》、威尔逊的《中国西南部游记》，1893 年苏联学者勃

列雪尼德(E. Brelsehneder)的《植物科学》,法国学者金奈尔(D. Genine)的《植物自然分类》,1960年苏联学者K·M·杰姆哈捷的《论野生茶树的进化因素》,以及日本学者志村桥、桥本实等在相关研究报告中,都认为中国是茶树的原产地。特别值得一提的是,志村桥和桥本实,结合多年茶树育种研究工作,通过对茶树细胞染色体的比较,指出中国种茶树和印度种茶树染色体数目都是相同的,表明在细胞遗传学上两者并无差异。桥本实还进一步对茶树外部形态做了分析和比较。为此,他对中国东南部台湾地区、海南到泰国、缅甸和印度阿萨姆茶树的形态做了分析比较。1980年之后,桥本实又三次到中国的云南、广西、四川、湖南等产茶省(自治区)做调查研究,发现印度那卡型茶和野生于中国台湾地区山岳地带的中国台湾茶以及缅甸的掸部种茶,形态上全部相似,并不存在区别中国种茶树与印度种茶树的界限。所以,最后的结论是茶树的原产地在中国的云南、四川一带。

2. 中国野生大茶树

野生大茶树是在一定自然条件下长期演化和自然生存下来的、非人工栽培也很少采制茶叶的大茶树类群,是在人类懂得栽培利用之前就自然存在的茶树树种。现在,居住在云南省楚雄、南华等哀牢山上的彝族同胞仍然有去山林中挖掘野茶苗栽种的习惯。现今广为栽培的景谷大白茶、勐库大叶茶、凌云白毛茶、乐昌白毛茶、海南大叶茶、桐梓大茶树等早年均是野生茶树。可见,在野生茶和栽培茶之间并无绝对的界限,野生茶的含义应该是野生型茶树的产物。

我国是野生大茶树发现最早最多的国家。公元前200年左右的《尔雅》说当时中国就有野生大茶树,而且实证中国还有"茶树王";三国(220—280年)时《吴普·本草》引《桐君录》中就有"南方有瓜芦木(大茶树)亦似茗,至苦涩,取为后茶饮,亦可通夜不眠"之说;陆羽在《茶经·一之源》中称:"其巴山峡川,有两人合抱者,伐而掇之。"宋代沈括的《梦溪笔谈》称:"建茶皆乔木……"宋子安(1130—1200年)在《记东溪茶树》中说:"柑叶茶树高丈余,径七八寸。"明代云南《大理府志》载:"点苍山(下关)……产茶树高一丈。"又据《广西通志》载:"白毛茶……树之大者高二丈,小者七、八尺。嫩叶如银针,老叶尖长,如龙眼树叶而薄,背有白色茸毛,故名,概属野生。"我国古人很早就发现野生大茶树了。据不完全统计,现在全国已有10个省(自治区)198处发现有野生大茶树。其中云南省树干直径在100 cm以上的就有十多株。我国野生大茶树有几个集中分布区,首先是云南省的南部和西南部;其次是四川省的南部和贵州省;第三是云南、广西和贵州毗邻地区;第四是广东、江西和湖南毗邻地区;还有少数散见于福建、台湾地区和海南省。茶树的分布地主要集中在北纬30°以南,其中尤以北纬25°附近居多,并沿着北回归线向两侧扩散,这与山茶属植物的地理分布规律也是一致的。这些地区的茶树多属高大乔木树型,具有较典型的原始形态特征。总之,从古至今,我国发现的野生大茶树,时间之早、树体之大、数量之多、分布之广、性状之异,堪称世界之最。

3. 中国是茶树原产地

有无野生大茶树是确定茶树原产地的重要依据之一,但发现有野生茶树的地方,不一定就是茶树的原产地。中国和印度两国都有野生大茶树,但实际上,当印度人还不知种茶和饮茶的时候,中国就已有几千年发现茶树和利用茶树的历史了。近几十年来,我国的茶学工作者从地质变迁和气候变化出发,结合茶树的自然分布与演化,对茶树原产地做了更加深入的分析与论证,最终从茶树的进化类型确定,中国西南三省及其毗邻地区具有原始型茶树形态特征和生化特性的野生大茶树比较集中的地区,当属茶树的原产地,中国的西南地区确是茶树的原产地的中心地带。

2007年11月云南澜沧邦崴大茶树考察论证会召开,论证会专家组一致认为"邦崴古茶树"是世界上首次发现唯一的最古老的"野生型与栽培型间的过渡类型"。至此,茶原产地中心地带的云南既有野生型的巴达茶树王,又有过渡型的邦崴茶树王,还有栽培型的南糯山茶树王,如此三王并存云南,更加证明:中国是世界茶叶的原产地。

茶艺

4. 中国是茶的原始传播地

在中国的浩繁古籍中，茶的记载不可胜数。当中国人发现并使用茶后很长时间里，西方国家尚无有关茶的文献记载。

从语音学考察，更说明茶原产于中国。世界各国对茶的读音，基本由我国广东语、福建厦门语和现代普通话的“茶”字三种语音所构成。这也证明中国是茶的原产地，茶是由中国向其他国家传播的。

二、茶的称谓

在古代史料中，茶的名称很多。《诗经》中有“荼”字；《尔雅》中既有“槚”，又有“荼”；《晏子春秋》中称“茗”；《尚书·顾命》称“诧”；西汉司马相如《凡将篇》称“荈诧”；西汉末年杨雄《方言》称茶为“蔎”；《神农本草经》称之为“荼草”或“选”；东汉的《桐君录》中谓之“瓜芦木”等。唐代陆羽在《茶经》中提到“其名，一曰茶，二曰槚，三曰蔎，四曰茗，五曰荈”。总之，在陆羽撰写《茶经》前，对茶的提法不下 10 余种，其中用得最多、最普遍的是“荼”。由于茶事的发展，指茶的“荼”字使用越来越多，有了区别的必要，于是从一字多义的“荼”字中，衍生出“茶”字。陆羽在写《茶经》时，将“荼”字减少一画，改写为“茶”。从此，在古今茶学书中，茶字的形、音、义也就固定下来了。

由于茶叶最先是由中国输出到世界各地的，所以，时至今日，各国对茶的称谓，大多数是由中国人，特别是由中国茶叶输出地区人民对茶的称谓直译过去的，如日语的“chǎ”、印度语的“chā”都为茶字原音。俄文的“чаŭ”，与我国北方对茶叶的发音相似。英文的“tea”、法文的“the”、德文的“thee”、拉丁文的“thea”，都是照我国广东、福建沿海地区人民的发音转译的。大致说来，茶叶由我国海路传播到西欧各国，茶的发音大多近似我国福建沿海地区的“te”和“ti”音；茶叶由我国陆路向北、向西传播到的国家，茶的发音近似我国华北的“cha”音。茶字的演变与确定，从一个侧面告诉人们：“茶”字的形、音、义，最早是由中国确定的，至今已成了世界人民对茶的称谓。它还告诉人们：茶出自中国，源于中国，中国是茶的原产地。

还值得一提的是，自唐以来，特别是现代，茶是普遍的称呼，较文雅点的才称其为“茗”，但在本草文献，以及诗词、书画中，却多以茗为正名。可见，茗是茶之主要异名，常为文人学士所引用。

三、茶饮的历史

茶圣陆羽在《茶经》中的“茶之为饮，发乎神农氏，闻于鲁周公”告诉我们，早在上古时期，中国就是世界上最先发现、利用和饮用茶的国家。茶的应用过程，可以分为三个阶段：药用、食用和饮用。

1. 神农发现茶

根据《神农本草经》记载，四五千年前上古时期的神农氏“尝百草，日遇七十二毒，得荼而解之”。“荼”即茶的古称谓，所以现在一般认为是神农氏发现并利用了茶。因此，最早记载饮茶的是本草一类的“药书”，例如《神农本草经》《食论》《本草拾遗》《本草纲目》等。

2. 周始贡茶

晋・常璩《华阳国志・巴志》记载：“周武王伐纣，实得巴蜀之师……茶蜜……皆纳贡之。”这表明在周朝的武王伐纣时，巴国(今四川及汉中一带)就已经以茶与其他珍贵产品纳贡于周武王了。

3. 汉代茶为商品

撰于汉宣帝神爵三年(公元前 59 年)正月十五的《僮约》一书“烹茶尽具”“武阳买茶”的表述可知，饮茶已成为当时社会饮食的一个环节，且是待客以礼的珍稀之物。

4. 晋代禅茶一味

“禅茶一味”的精神源于九江庐山。据《庐山志》记载，东汉时，佛教传入我国，庐山梵宫寺院多至 370 余座，僧侣云集。他们攀危崖、冒飞泉，采摘具有上好品质的野茶，在白云深处、寺院周边，劈崖填谷，栽种茶树、采制茶叶以充饥渴。《庐山小志》记载："晋朝以来，寺观庙宇僧人相继种植。""云雾茶山僧多种崖壁间，更有鸟雀衔籽坠生林谷，名闻林茶，色白香清，谷雨时采之最良。"

东晋时慧远法师是引种庐山野茶为禅茶的第一人。慧远法师好饮茶，他早年出家在山西的白云岩寺，现在仍留有琴台和茶亭等古迹。他在东林寺创建净土宗后，常年有千余人"事远"座前，念佛诵经。庐山茶使人心清目明、精神不衰，是诵经人首选饮料。庐山茶幽香绵长、回味甘醇，是东林寺白莲社高贤们高谈阔论的媒介，当时东林寺的"千僧锅"日煮十数担茶汤供僧众和客人们解渴品饮。庐山野茶虽丰富，但常年供东林寺千人饮用十分困难，所以慧远法师将寺西一块空地辟为茶园，带领僧众出坡(僧人劳动称出坡)"道树移栽"庐山茶，并用茶园边一个自然堰堰口里的水浇灌茶树，村民和僧侣们都称这堰口为"茶园堰"，至今当地仍有"茶园堰"遗址。东林寺引种移栽的庐山茶清亮爽口，饮后令人心静，慧远法师将此茶命名为"五净心茶"。在盛唐时期，日本天台宗先后三次派人来东林寺学佛取经，同时将九江庐山的"五净心茶"带到日本，至今不衰。宋代著名画家李伯时(号龙眠)的《李龙眠莲社十八贤图》中，就有东林寺慧远大师与其三十二贤徒中十八贤的烹茶品饮场面(本图载《础续藏经》第135册《东林十八高贤传》卷首)。

5. 唐朝茶产区和《茶经》

隋唐时代，随着茶事活动的日益兴起，茶产区遍布8个道、43个郡、44个县，茶叶栽培和加工技术也进一步发展，名茶大量涌现，在唐代还出现了串茶。串茶是加工成中间有圆孔或方孔的用线贯穿成串的饼茶。具体的做法是：团茶用黑茶叶包裹经焙干后分斤两贯穿，江东削竹穿茶，陕西则缝合毂皮来穿。江东将一斤的团茶穿成一串为"上穿"，半斤为"中穿"，四五两为"小穿"。陕西则以一百二十片团茶为"上穿"，八十片为"中穿"，五十片为"小穿"。串茶既便于储存又便于携带。唐代茶叶主要有粗茶、散茶、末茶、饼茶4种。

自唐开元年间起，上至天子，下迄黎民百姓，都不同程度地饮茶。专门采造宫廷用茶的贡茶也是在这一时期设立的，皇家的嗜茶导致王公贵族的争相效仿，当时在诗人、音乐家等中都有嗜茶者。唐代饮茶兴盛的另一个原因是佛门茶事的盛行。佛门僧人坐禅，须持“过午不食”之斋戒，故丛林不作夕食，但许饮茶以助修。于是将坐禅饮茶列为宗门法式，写入佛教丛林制度的《百丈清规》，不管是请新住持、讲座说法、坐禅、辩说佛理、招待施主都需要供应茶汤。寺庙中还设有茶院，有专门的茶堂，有茶头执事，有专门的施茶僧。很多寺院因地处山林，常种植茶树，作为寺院茶。佛门如此重视饮茶，信佛的善男信女自然会效仿，因此黄河流域的饮茶风气就随着佛教的盛行而普及开来，可见佛教对中国饮茶事业是有重要贡献的。另外，唐代之所以能够在全国范围内形成浓厚的饮茶风气，还与陆羽、皎然等的大力提倡有极为密切的关系。

唐代时，人们对水的选择、烹煮方式以及烹茶器具、饮茶环境和茶的质量要求越来越高，逐渐形成了茶道。陆羽自幼在寺院采茶、制茶、煮茶，对茶学和茶文化产生了浓厚兴趣。他走遍名山大川和许多茶的产地，结识了皎然、张又新等爱茶之人，收集了许多关于茶的生产、制作、存储等技术资料，历经数年写成《茶经》，这是中国乃至世界第一部茶学专著，也是第一部茶文化专著。《茶经》详细记载了茶叶生产的历史、茶叶产地及饮茶方法和风俗，还介绍了茶叶的功用和茶具，全面总结了唐代以前有关茶叶诸方面的经验，大力提倡饮茶，推动了茶叶生产和茶学的发展。所以宋诗有云：“自从陆羽生人间，人间相学事春茶。”

6.宋代团茶与茶宴

到了宋代，茶已传播到全国各地，饮茶之风大盛。宋朝的茶区，基本上已与现代茶区范围相符。宋代制茶工艺有了新的突破。在初期，茶叶多制成饼茶、团茶。当时人们最为推崇的是福建建安北苑出产的龙凤茶，这种模压成龙形或凤形图案的专用贡茶又称龙团凤饼。饮茶时要先将团茶敲碎、碾细、细筛后置于盏杯之中，然后冲入沸水，就是“研膏团茶点茶法”。当然，当时

团茶非常名贵，专供宫廷饮用。而民间，则出现了用蒸青法制成的散茶。宋朝中后期，茶叶生产逐渐由团茶向散茶慢慢过渡。

宋代时，茶被赋予很高的地位，茶道在此时形成，人们将茶作为修身养性的佳品。当时皇宫、寺院、民间还经常举行茶宴。茶宴的气氛庄重、环境优雅、礼节严格，必须用贡茶或者高级茶叶，取水于名泉，使用高级茶具。

茶宴的大致程序是：先由主人亲自调茶或者亲自指挥、监督调茶，以示对客人的尊敬。然后献茶、接茶、闻茶香、观茶色、品茶味。茶过三巡之后，便评论茶的品第，称颂主人道德，赏景叙情，赋文作诗等，使参加茶宴的人在精神和物质上获得高层次的享受。

7. 明代倡导散茶

明代散茶倡导发源于九江。元末明初，明太祖朱元璋鄱阳湖大战陈友谅，屯兵在九江庐山天池峰附近，由于转战条件有限无法煎煮茶叶，就喜欢将庐山云雾散茶用开水冲泡饮。他发现泡茶的味道香甜醇厚，而且可以赏茶形、观茶色、闻茶香，别有情趣。建立明朝后，明太祖朱元璋下诏罢造龙团，倡导散茶，茶叶的加工方法就由“蒸青”改为“炒青”，饮茶方法从煮饮变为泡饮，使人们获得了清饮所带来的茶之真味。

8. 清代形成六大茶类

在清代，我国的茶文化由鼎盛走向了顶级的阶段。这一期间，团茶、饼茶逐渐被边缘化，散茶开始成为主要形式。

随着茶类的不断增加，饮茶方式出现了两大特点：一是品茶方法日益完善而讲究，茶壶、茶杯先要用水淋洗，后用干布擦干，茶渣先倒掉，再斟，器皿也以紫砂为上；二是出现了六大茶类，品饮方式也因茶类不同而呈现出不同风貌。六大茶类中的乌龙茶，也是在清代初期出现的。从此，茶叶类别基本定型，直至今日，也没有太大的变化。

同时，不同地域的人们饮茶习俗逐渐形成，两广地区爱饮红茶，福建爱饮乌龙茶，而江浙一带则喜饮绿茶，北方人惯饮花茶或绿茶，边疆少数民族则常饮黑茶。

第二节 茶的传播

中国是茶树的原产地，中国在茶业上对人类的贡献，主要在于最早发现并利用茶这种植物，并把它发展成为我国和东方乃至整个世界的一种灿烂独特的茶文化。茶的传播史，分为国内及国外两条线路。

一、茶的国内传播

1. 秦汉以前：巴蜀是中国茶业的摇篮

顾炎武曾道："自秦人取蜀而后，始有茗饮之事"，认为中国的饮茶，是秦统一巴蜀之后才慢慢传播开来的。这一说法，已为现在绝大多数学者认同。战国时期或更早，巴蜀已形成一定规模的茶区，并以茶为贡品。关于巴蜀茶业在我国早期茶业史上的突出地位，直到西汉成帝时王褒的《僮约》，才始见诸记载，内有"烹茶尽具"及"武阳买茶"两句。前者反映成都一带，西汉时不仅饮茶成风，而且出现了专门用具；从后一句可以看出，茶叶已经商品化，出现了如"武阳"一类的茶叶市场。西汉时，成都已成为我国茶叶的一个消费中心，由后来的文献记载看，很可能也已形成了最早的茶叶集散中心。不仅仅是在秦之前，秦汉乃至西晋，巴蜀仍是我国茶叶生产和技术的重要中心。

茶树是中国南方的一种"嘉木"，所以，中国的茶业，最初孕育、发生和发展于南方。

2. 三国两晋：长江中游成为茶业发展壮大的地区

秦汉统一中国后，茶业随巴蜀与各地经济文化交流而增强。尤其是茶的加工、种植，首先向东部南部传播。如湖南茶陵的命名。茶陵邻近江西、广东边界，表明西汉时期茶的生产已经传到了湘、粤、赣毗邻地区。三国、西晋阶段，随荆楚茶业和茶叶文化在全国传播的日益发展，也由于地理上的有利条件和较好的经济文化水平，长江中游或华中地区，在中国茶文化传播上的地

位，逐渐取代巴蜀而明显重要起来。三国时，孙吴据有现在苏、皖、赣、鄂、湘、桂一部分和广东、福建、浙江全部陆地的东南半壁江山，这一地区，也是当时我国茶业传播和发展的主要区域。此时，南方栽种茶树的规模和范围有很大的发展，而茶的饮用，也流传到了北方高门豪族。西晋时长江中游茶业的发展，还可从西晋时期《荆州土记》得到佐证。其载曰"武陵七县通出茶，最好"，说明荆汉地区茶业的明显发展，巴蜀独冠全国的优势，似已不复存在。

3. 唐代：长江中下游地区成为茶叶生产和技术中心

西晋南渡之后，北方豪门过江侨居，建康（南京）成为我国南方的政治中心。这一时期，由于上层社会崇茶之风盛行，使得南方尤其是江东饮茶和茶叶文化有了较大的发展，也进一步促进了我国茶业向东南推进。这一时期，我国东南植茶，由浙西进而扩展到了现今温州、宁波沿海一线。不仅如此，如《桐君录》所载，"西阳、武昌、晋陵皆出好茗"，晋陵即常州，其茶出宜兴。表明东晋和南朝时，长江下游宜兴一带的茶业，也著名起来。三国两晋之后，茶业重心东移的趋势，更加明显化了。据史料记载，安徽祁门周围，千里之内，各地种茶，山无遗土，业于茶者十之七八。同时由于贡茶设置在江南，大大促进了江南制茶技术的提高，也带动了全国各茶区的生产和发展。由《茶经》和唐代其他文献记载来看，这时期茶叶产区已遍及今之四川、陕西、湖北、云南、广西、贵州、湖南、广东、福建、江西、浙江、江苏、安徽、河南等14个省（自治区），几乎达到了与我国近代茶区相当的局面。

4. 宋代：茶业重心由东向南移

从五代和宋朝初年起，全国气候由暖转寒，致使中国南方南部的茶业，较北部更加迅速发展了起来，并逐渐取代长江中下游茶区，成为宋朝茶业的重心。主要表现在贡茶从顾渚紫笋改为福建建安茶，唐时还不曾形成气候的闵南和岭南一带的茶业，明显地活跃和发展起来。宋朝茶业重心南移的主要原因是气候的变化，江南早春茶树因气温降低，发芽推迟，不能保证茶叶在清明前贡到京都。福建气候较暖，如欧阳修所说“建安三千里，京师三月尝新茶”。作为贡茶，建安茶的采制，必然精益求精，名声也愈来愈大，成为中国团茶、饼茶制作的主要技术中心，带动了闽南和岭南茶区的崛起和发展。由此可见，到了宋代，茶已传播到全国各地。宋朝的茶区，基本上已与现代茶区范围相符，明清以后，茶区基本稳定，茶业的发展主要是体现在茶叶制法和各茶类兴衰演变上。

二、茶的国外传播

1. 传入朝鲜和日本

公元632—646年，中国的饮茶习俗及茶艺文化被传入当时的新罗（当时朝鲜半岛国家之一）。公元828年，新罗使节大廉由唐带回茶籽，种于智异山下的华岩寺周围，从此朝鲜开始了茶的种植与生产，并把从唐宋习得的茶法融会贯通，创造了一整套具有其民族特色的点茶法和茶道礼仪。

据文献记载，约在公元593年，中国在向日本传播文化艺术和佛教的同时，也将茶传到日本。当时日本不种植茶叶，日常消费的茶叶都来自中国。804年，日本天台宗之开创者最澄来华，翌年回国，把带回的茶籽种在日本近江的台麓山，从此日本亦开始种植茶叶。与最澄同时来华的还有日本僧人空海和尚，据说他回国时不仅带回了茶籽，还带回了中国制茶的石臼及蒸、捣、焙等制茶技术。当时日本饮茶之风因和尚们的提倡而兴起，饮茶方法和唐代相似。9世纪末到11世纪期间，中日关系恶化，茶的传播因之中断，茶在日本也不再受宠。直到12世纪，两国关系得到改善后，日本僧人荣西来华学习达24年之久，他回国后带回更多的茶籽，也将中国饮用粉末绿茶的新风俗带回日本；他还悟得禅宗茶道之理，著有《吃茶养生记》，创造了日本茶道的理念，是日本茶道的真正奠基人。后历经几代茶人的努力，日本的茶道日臻完善，茶“不仅是一种理想的饮料，它更是一种生活艺术的宗教”（冈仓觉造）。

2. 传入欧洲

茶向欧洲的传播,有陆路和海路两种途径。罗马人马可·波罗(1254—1324年)在《马可·波罗游记》中记载了有关中国茶叶的故事。17世纪,葡萄牙人通过海路把中国茶叶带到里斯本,荷兰东印度公司又把茶叶从里斯本运送到荷兰、法国和拜耳迪克港口。茶叶一进入欧洲,法国人和德国人就都表现出浓厚的兴致,英国商人甚至在当时的《信使政报》上做广告。但茶只停留在上流社会,并未普及到平民阶层,也未列入日常饮品。茶在欧洲的转机应归功于当时葡萄牙籍的英国王后凯瑟琳。她在1662年嫁给英国国王查理二世时带了一箱中国茶叶作为嫁妆,并在宫中积极推行饮茶。但当时茶叶价格一直在每磅16～60先令,茶仍是富人才能享用的饮品。到18世纪后期,茶才成为英国最流行的饮品,茶的消费量由1701年的30.3 t增加到1781年的2 229.6 t,人们可在家中或在伦敦新建的一些时尚茶舍里饮茶。到19世纪初期,茶可在一天中的任何时间饮用,特别常见的是在晚餐后饮用。19世纪70年代,斯里兰卡成为英国的一个主要产茶区,当时有一位独具慧眼的商人托马斯·立顿在斯里兰卡种植茶园,生产茶叶并直销到英国市场,茶叶开始广泛进入平民家庭,有"床茶""晨茶""下午茶"和"晚茶"。其中"下午茶"最为隆重,也成为英国文化的一个重要组成部分。

3. 传入东南亚、南亚

茶向东南亚或南亚传播,有陆路和海路两条途径。毗邻中国的缅甸、泰国、越南和印度北部等国在秦朝统一后,民间及朝廷交往日频,已有茶传入的可能;唐、宋和元三个朝代,泉州是最繁忙的对外贸易商港,茶叶亦是出口商品之一;15世纪郑和下西洋时,茶叶作为一种礼品亦被带到这些邻近的亚洲国家。

印度很早就自西藏传入茶的吃法。约在1780年,东印度公司引进茶种,但种植失败。1834年,成立植茶问题研究委员会,派遣委员会秘书哥登到我国购买茶籽和茶苗,访求栽茶和制茶的师傅,带回很多专家和技工,回国后在大吉岭种茶成功。1836

年，在阿萨姆勃鲁士的厂中，按照我国制法试制茶样成功。现在印度已成为世界上最大的茶叶生产国之一，拥有13 000多个种植园，从事茶叶生产的劳动力超过300万人，生产的红茶约占世界红茶产量的30%，CTC茶[茶叶在揉切工序中采用压碎(crush)、撕碎(tear)和揉捻(curl)的过程，用每个单词的首字母的缩写来命名]约占65%。其中大吉岭茶已成为国际知名品牌。

1867年，苏格兰人詹姆斯·泰勒在斯里兰卡76 890 m^2的土地上进行了首次茶种播种，并在茶叶生产上学习中国武夷岩茶制法，制造了首批味道鲜美的茶叶，为斯里兰卡早期茶叶种植业的成功做出了巨大的贡献。1873—1880年，斯里兰卡的茶叶年产量由10.4 kg上升到81.3 t，1890年达到22 899.8 t。20世纪后，斯里兰卡的茶业得到更大的发展，到今天，许多人认为斯里兰卡的优质茶叶是世界上最好的茶叶之一，它的拼配红茶在国际上也享有很高的声誉。

印度尼西亚于1684年自中国引种茶叶，1827年由爪哇华侨第一次试制样茶成功。1828—1833年，荷属东印度公司的茶师杰克逊先后六次从我国带回技术和熟练的茶工，制成绿茶、小种红茶和白茶的样品。1833年，爪哇茶第一次在市场上出现。20世纪初，由于战争，印度尼西亚的茶叶产量一直很低。到1984年后，局面才有极大的变化：政府成立茶叶委员会，工厂进行了整修，采用高产的无性系茶树对种植园进行更新，改善了交通条件，大大提高了茶叶产量。到20世纪后期，印度尼西亚茶叶出口约占世界茶叶出口总量的12%。

4. 进入俄罗斯

相传在1567年就有哈萨克人把茶叶引进俄国。更为确切的记载是，1618年茶叶被作为礼物从中国运到萨·亚力克西斯。1689年，《中俄尼布楚条约》签订，标志中俄长期贸易开始，有专门的运茶商队用骆驼来运茶叶，由陆路经蒙古、西伯利亚运往俄国销售，数量很大。1903年，贯穿西伯利亚的铁路竣工，中俄贸易更为畅通，茶叶在俄罗斯家庭的消费更为普及。

5. 传入非洲

非洲于 19 世纪 50 年代开始，由英国殖民主义扶持，在东非和南非的尼亚萨兰（今马拉维共和国）、肯尼亚、乌干达、坦桑尼亚等国家先后开展种茶，如肯尼亚于 1903 年从印度引种种植。20 世纪 60 年代，应非洲国家的要求，我国多次派出茶叶专家去西非的几内亚、马里，西北非的摩洛哥等国家指导种茶，非洲才开始有了真正的茶叶栽培。

第二章　茶之文化

第一节　茶　　诗

我国是诗的国度。茶入诗，不仅年代久远，且数目众多。茶诗对推动中华茶文化发展起到了举足轻重的作用。历代诗人以茶为媒、以茶抒情、以茶养性、以茶雅志，创作了无数绚丽多彩、脍炙人口的茶诗，成为中华茶道的重要内蕴。读一首好诗，犹如品味一壶芬芳的好茶，使人心旷神怡，乐在其中。

一、晋代茶诗名作

西晋文学家左思的《娇女诗》是我国现存最早的茶诗，诗中描写左思与自己的一对娇女纨素、蕙芳一起戏茶、玩耍，从中得到乐趣的生动场景(图 2-1)。

图 2-1　左思《娇女诗》

来源：黄木生，涂连芳，李晓梅. 简明中国茶艺[M]. 武汉：湖北科学技术出版社，2014.

小字为纨素，口齿自清历。
其姊字惠芳，面目粲如画。
驰骛翔园林，果下皆生摘。
贪华风雨中，眒忽数百适。
止为荼荈据，吹嘘对鼎立。
脂腻漫白袖，烟熏染阿锡。
衣被皆重地，难与沉水碧。
任其孺子意，羞受长者责。
瞥闻当与杖，掩泪俱向壁。

最有趣的场景是在园林里，两个小女孩急着为了要喝茶，帮着大人干活，她们守在茶炉旁边，双手按地，半趴在地上对着正在烹茶的风炉用嘴吹气，希望能使炉火旺一些，早点喝到煮好的茶。等她们站起来，却发现原来白净的小脸已被黑烟熏染，衣袖(用细缯与细布制成的衣服)也被烟熏黑了，即使放在碧水中也难以洗干净。少儿茶趣，被诗人描写得活灵活现。

二、唐五代茶诗

唐朝是中国诗歌的鼎盛时代，诗家辈出。同时，中国的茶叶在唐代有了突飞猛进的发展，饮茶风尚在全社会普及开来，品茶成为诗人生活中不可或缺的内容，诗人品茶咏茶，因而茶诗大量涌现。

1. 李白《答族侄僧中孚赠玉泉仙人掌茶》

李白(701—762)，字太白，号青莲居士，被誉为“诗仙”。其作《答族侄僧中孚赠玉泉仙人掌茶》：

常闻玉泉山，山洞多乳窟。仙鼠如白鸦，倒悬清溪月。
茗生此中石，玉泉流不歇。根柯洒芳津，采服润肌骨。
丛老卷绿叶，枝枝相接连。曝成仙人掌，似拍洪崖肩。
……

这是中国历史上第一首以茶为主题的茶诗，也是名茶入诗第一首。在这首诗中，李白对仙人掌茶的生长环境、晒青加工方法、形状、功效、名称来历等都作了生动的描述。特别是“采服润肌骨”，后来卢仝的“五碗肌骨清”与之如出一辙。李白在其诗序中更写道：“玉泉真公常采而饮之，年八十余岁，颜色如桃花。而此茗清香滑熟异于他者，所以能还童振枯扶人寿也。”道教徒李白认为饮茶能使人返老还童、延年益寿，反映了道教的饮茶观念。

2. 白居易《谢李六郎中寄新蜀茶》

白居易(772—846)，字乐天，号“香山居士”，撰有茶诗50余首，数量为唐代之冠。唐宪宗元和十二年，好友忠州刺史李宣寄给他寒食禁火前采制的新蜀茶，病中的白居易感受到友情的温暖，欣喜异常，煮水煎茶，品茶别茶，深情地写下《谢李六郎中寄新蜀茶》一诗：

故情周匝向交亲，新茗分张及病身。
红纸一封书后信，绿芽十片火前春。
汤添勺水煎鱼眼，末下刀圭搅麴尘。
不寄他人先寄我，应缘我是别茶人。

白居易煎茶爱用泉水，“最爱一泉新引得，清令屈曲绕阶流”；并撰有《山泉煎茶有怀》，“坐酌泠泠水，看煎瑟瑟尘。无由持一碗，寄与爱茶人”。偶尔也用雪水煎茶，“吟咏霜毛句，闲尝雪水茶”。有时也用河水煎茶，“蜀茶寄到但惊新，渭水煎来始觉珍”。于茶，“渴尝一碗绿昌明”，“绿昌明”是四川的一种茶。而白居易也喜欢四川的“蒙顶茶”，“茶中故旧是蒙山”。茶为白居易的生活增加了许多的情趣，“或饮茶一盏，或吟诗一章”“或饮一瓯茗，或吟两句诗”，茶与诗成为白居易生活中不可缺少的内容。

3. 释皎然茶诗两首

释皎然(俗名谢清昼)是唐代著名诗僧，也是中国历史上著名茶人，精于诗文和烹茶技艺。下面这两首禅茶诗作既有禅意，又有茶趣，堪称僧人习茶经典诗偈。第一首是《九日与陆处士羽饮茶》：

九日山僧院，东篱菊也黄。俗人多泛酒，谁解助茶香。

诗中讲述了在农历九月初九重阳佳节的一个秋高气爽之日，皎然与陆羽（处士：古时称有才有德而隐居不仕的人）在山中寺院对饮香茗，观落英缤纷，闻菊黄吐香，这样的场景岂是泛酒俗人所能体会得到的！该诗只有短短20个字，却雅俗分明，把饮酒与品茶孰雅孰俗一语点破。俗人饮酒，雅士品茶。

第二首是《饮茶歌·诮崔石使君》：

越人遗我剡溪茗，采得金牙爨金鼎。
素瓷雪色缥沫香，何似诸仙琼蕊浆。
一饮涤昏寐，情来朗爽满天地。
再饮清我神，忽如飞雨洒轻尘。
三饮便得道，何须苦心破烦恼。
此物清高世莫知，世人饮酒多自欺。
愁看毕卓瓮间夜，笑向陶潜篱下时。
崔侯啜之意不已，狂歌一曲惊人耳。
孰知茶道全尔真，唯有丹丘得如此。

诗人从友人赠送的剡溪名茶开始讲起，白瓷盏里茶汤漂着沫饽散发着清香，犹如天赐而来的琼浆玉液。然后转到今人最为称道的“三饮”之说：“一饮涤昏寐”“再饮清我神”“三饮便得道”。今茶俗常解“品”字由三个“口”组成，而品茶一杯须作三次，即一杯分三口品之，或出于此诗。另外，此诗中还首次提到“茶道”一词。茶叶出自中国，茶道亦出自中国。

“茶道”之“道”非道家的“道”，而是集儒释道三教之真谛。儒主“正”，道主“清”，佛主“和”，茶主“雅”，构成了中国茶道的重要内涵。

皎然这首诗既是佛家禅宗对茶作为清高之物的一种理解，也是对品茗育德的一种感悟。而禅宗历来主张“平常心是道”的茶道之理，是对抛却贪、嗔、痴的一种解读，当你端起茶杯，放下一切的瞬间，再来体会“孰知茶道全尔真，唯有丹丘得如此”之意，得到的羽化人生境界，烦恼顿去，是何等洒脱。三碗得道，通过对“涤昏寐”“清我神”“破烦恼”的描述，揭示了禅宗茶道的修行宗旨，表达了对道家“天人合一”思想的赞赏。

4. 元稹“宝塔诗”

著名诗人元稹和白居易共同提倡“新乐府运动”，故而与白居易成为莫逆之交，并称“元白”。元稹写过一首形式独特、不拘一格的咏茶诗，后人誉之“宝塔诗”，此种体裁少见。

茶
香叶，嫩芽。
慕诗客，爱僧家。
碾雕白玉，罗织红纱。
铫煎黄蕊色，碗转曲尘花。
夜后邀陪明月，晨前命对朝霞。
洗尽古今人不倦，将至醉后岂堪夸。

诗首句就点出茶的主题；第二句写了茶的本性，叶香芽嫩；第三句写“诗客”“僧家”等茶人，泛指文人雅士；四五句写“碾雕白玉”“罗织红纱”“铫煎”“碗转”的茶具，以及“黄蕊色”（黄花般汤色）“曲尘花”（酒曲所产生细菌，色微黄如尘。这里指碾碎了的茶叶粉末。花：茶汤表面的沫饽）的茶汤；六句写“明月夜”“朝霞晨”的品茗环境；最后一句则点题而出，以此来安慰白居易，此去虽暂别西京，做客东郡，亦是自由自在，前途有为。

古代烹茶，大多为饼茶，所以先要用白玉雕成的茶碾把茶叶碾碎，再用红纱制成的茶箩把茶筛分，然后用带柄的茶铫煎茶。实际上，元稹的这首宝塔诗表达了6层意思：茶—茶人—茶具—茶汤—品茶环境—品茶境界。全诗构思精巧，趣味盎然，不愧是古今流传的绝妙茶诗。宝塔诗从一言起句，依次增加字数，从一字到七字句逐句成韵，叠成两句为一韵。从一至七字，对仗工整，读起来朗朗上口，声韵和谐，节奏明快。以宝塔体写作的诗歌，并非少数，但以宝塔体所写的茶诗，古代仅此一首，弥足珍贵。

5. 卢仝《走笔谢孟谏议寄新茶》

唐代诗人卢仝(图2-2),自号玉川子,祖籍范阳(今河北涿州卢家场村),生于河南济源市武山镇(今思礼村),早年隐少室山。他刻苦读书,博览经史,工诗精文,不愿仕进。后迁居洛阳,家境贫困,仅破屋数间。但他刻苦读书,家中图书满架。卢仝性格清高介僻,见识不凡,诗作自成一家,语尚奇诡。他在饮茶歌中,描写了他饮七碗茶的不同感觉,步步深入,诗中还从个人的穷苦想到亿万苍生的辛苦。在中国七千多首茶诗文库中,对后世影响最为广泛,意义最为深远的还得首推这首《走笔谢孟谏议寄新茶》(以下简称《七碗茶歌》)。

图2-2 卢仝半身像(取自清顾沅辑,道光十年刻本《古圣贤像传略》)

来源:黄木生,涂连芳,李晓梅.简明中国茶艺[M].

武汉:湖北科学技术出版社,2014.

日高丈五睡正浓,军将打门惊周公。
口云谏议送书信,白绢斜封三道印。
开缄宛见谏议面,手阅月团三百片。
闻道新年入山里,蛰虫惊动春风起。
天子须尝阳羡茶,百草不敢先开花。
仁风暗结珠蓓蕾,先春抽出黄金芽。
摘鲜焙芳旋封裹,至精至好且不奢。

至尊之余合王公，何事便到山人家？

柴门反关无俗客，纱帽笼头自煎吃。

碧云引风吹不断，白花浮光凝碗面。

一碗喉吻润，二碗破孤闷。

三碗搜枯肠，唯有文字五千卷。

四碗发轻汗，平生不平事，尽向毛孔散。

五碗肌骨轻，六碗通仙灵。

七碗吃不得也，唯觉两腋习习清风生。

蓬莱山，在何处？玉川子乘此清风欲归去。

山中群仙司下土，地位清高隔风雨。

安得知百万亿苍生命，堕在颠崖受辛苦！

便为谏议问苍生，到头合得苏息否？

当时，唐代饮茶之风盛行，卢仝极嗜此道，悟得茶中三味，孟谏寄贡品阳羡茶给卢仝，卢仝于是作《七碗茶歌》回谢，竟成中国茶文化经典之作。后代文人墨客在品茗咏茶时，每每引用"卢仝""玉川子""七碗茶歌""清风生"等词语，可见卢仝《七碗茶歌》对后世的影响之深、之广。苏轼有"何须魏帝一丸药，且尽卢仝七碗茶"的名句；杨万里饮茶时"不待清风生两腋，清风先向舌端生"；清代汪巢林赞卢仝"一瓯瑟瑟散轻蕊，品题谁比玉川子"；明代胡文焕则自夸："我今安知非卢仝，只恐卢仝未相及"；当代佛教名人赵朴初先生也题诗："七碗受至味，一壶得真趣。空持百千偈，不如吃茶去"。卢仝凭借其深厚的文学功底和勤奋的茶道实践，赢得后人尊重，被称为茶界"亚圣"。

三、宋元茶诗名作

1. 苏轼茶诗两首

苏轼(1037—1101)，字子瞻，号东坡居士。苏轼对茶叶生产和茶事活动非常熟悉，精通茶道，具有广博的茶叶历史文化知

识。他的茶诗不仅数量多,佳作名篇也多。如《试院煎茶》:

蟹眼已过鱼眼生,飕飕欲作松风鸣。
蒙茸出磨细珠落,眩转绕瓯飞雪轻。
银瓶泻汤夸第二,未识古人煎水意。
君不见昔时李生好客手自煎,贵从活火发新泉。
又不见今时潞公煎茶学西蜀,定州花瓷琢红玉。
我今贫病长苦饥,分无玉碗捧蛾眉。
且学公家作茗饮,砖炉石铫行相随。
不用撑肠拄腹文字五千卷,
但愿一瓯常及睡足日高时。

这首诗是描写在试院煎茶(点茶)的情景。首写汤瓶里发出像松风一样的飕飕声,应是瓶里的水煮得气泡过了蟹眼成了鱼眼一般大小。宋代点茶用茶粉,不仅要碾,还要磨。因此,磨出来的蒙茸茶粉像细珠一样飞落。宋代点茶,将茶粉置茶盏,用茶筅击拂搅拌,使盏面形成一层白色乳沫。因此,茶粉在茶筅的击拂下在盏中旋转,形成的乳沫像飞雪般轻盈。

不知古人为何崇尚用金瓶煮水而视银瓶为第二。昔时唐代李约非常好客,亲自煎茶,强调要用有火焰的炭火来煮新鲜的泉水。今朝潞国公(文彦博)煎茶却学习西蜀的方法,取用河北定窑产的色如红玉且绘有花纹的瓷瓯。我如今是贫病交加,也没有侍女来为我端茶。姑且用砖炉石铫来煮水煎茶。不想有卢仝"三碗搜枯肠,惟有文字五千卷"那样的灵感,但愿每日有一瓯茶,能安稳地睡到日头高升才醒来。

再如他的《次韵曹辅寄壑源试焙新茶》(图 2-3):

仙山灵草湿行云,洗遍香肌粉未匀。
明月来投玉川子,清风吹破武林春。
要知冰雪心肠好,不是膏油首面新。
戏作小诗君勿笑,从来佳茗似佳人。

作为仙山灵草的壑源茶树,为云雾所滋润。壑源在北苑旁,

图 2-3　苏轼《次韵曹辅寄壑源试焙新茶》

来源：贾红文，赵艳红．茶文化概论与茶艺实训［M］．北京：清华大学出版社，2010．

北苑产贡茶归皇室，壑源茶堪与北苑茶媲美，因非作贡，士大夫可享用。其制法与北苑茶一样，茶芽采下要用清水淋洗，然后蒸，蒸过再用冷水淋洗，然后入榨去汁，再研磨成末，入模型拍压成团、成饼，饰以花纹，涂以膏油饰面，烘干装箱。因加工中有淋洗和研末，所以称“洗遍香肌粉末匀”。

“明月”是团饼茶的借代，“玉川子（卢仝）”是作者的自称，喻指曹辅寄来壑源试焙的像明月一样的圆形团饼新茶给作者。因杭州有武林山，武林也就成为杭州的别称，而此时苏轼正在杭州太守任上。作者饮了此茶后不觉清风生两腋，从而感到杭州的春意。研磨的茶芽如玉似雪，心肠则指茶叶的内在品质，颔联是说壑源茶内在品质很好，不是靠涂膏油而使茶表面新鲜。最后，作者画龙点睛，将佳茗比作佳人。香肌、粉匀、玉雪、心肠、膏油、首面，似写佳人。两者共同之处在于都是天生丽质，不事表面装饰，内质优异。这句诗与诗人另一首诗中“欲把西湖比西子，淡妆浓抹总相宜”之句有异曲同工之妙。

2．陆游茶诗两首

陆游（1125—1210），字务观，号放翁，有茶诗近 300 首，是咏茶诗写得最多的人。其《效蜀人煎茶戏作长句》：

午枕初回梦蝶床，红丝小硙破旗枪。
正须山石龙头鼎，一试风炉蟹眼汤。
岩电已能开倦眼，春雷不许殷枯肠。
饭囊酒瓮纷纷是，谁赏蒙山紫笋香？

该诗的前半部分，直书煎茶之事，即用红丝小硙（石磨）碾茶，用石鼎煎茶，煎至出现“蟹眼”大小气泡为度。诗的后半部分，“岩电”两句赞扬茶的功效，感叹像蒙山茶和顾渚紫笋那样品质优异的茶却无人欣赏；后两句是借茶抒怀，抨击南宋朝廷，只重用众多“饭囊酒瓮”的蠢才，而像“蒙山紫笋”那样的上品人才却得不到赏识。

其《北岩采新茶用〈忘怀录〉中法煎饮，欣然忘病之未去也》诗：

槐火初钻燧，松风自候汤。携篮苔径远，落爪雪芽长。
细啜襟灵爽，微吟齿颊香。归时更清绝，竹影踏斜阳。

作者在野外自采茶，钻石取火，松风候汤，煎煮茶叶。方法虽然比较原始、简单，但仍然感到“襟灵爽”“齿颊香”“更清绝”，直到夕阳西下踏着竹影归家，连有病在身也忘掉了，可谓深得《忘怀录》之法。

3. 范仲淹《和章岷从事斗茶歌》

北宋政治家、文学家范仲淹留下的茶诗并不多，仅有两首，而其中的一首《和章岷从事斗茶歌》却是宋代茶诗中可与唐代卢仝《七碗茶歌》相媲美的佳品。

年年春自东南来，建溪先暖水微开。
溪边奇茗冠天下，武夷仙人从古栽。
新雷昨夜发何处，家家嬉笑穿云去。
露芽错落一番荣，缀玉含珠散嘉树。
终朝采掇未盈襜，唯求精粹不敢贪。
研膏焙乳有雅制，方中圭兮圆中蟾。
北苑将期献天子，林下雄豪先斗美。
鼎磨云外首山铜，瓶携江上中泠水。

黄金碾畔绿尘飞，碧玉瓯中翠涛起。
斗茶味兮轻醍醐，斗茶香兮薄兰芷。
其间品第胡能欺，十目视而十手指。
胜若登仙不可攀，输同降将无穷耻。
吁嗟天产石上英，论功不愧阶前蓂。
众人之浊我可清，千日之醉我可醒。
屈原试与招魂魄，刘伶却得闻雷霆。
卢仝敢不歌，陆羽须作经。
森然万象中，焉知无茶星。
商山丈人休茹芝，首阳先生休采薇。
长安酒价减百万，成都药市无光辉。
不如仙山一啜好，泠然便欲乘风飞。
君莫羡花间女郎只斗草，赢得珠玑满斗归。

斗茶又叫"茗战"，源于唐代，兴于宋代。这是一首描写斗茶场面的诗作。"林下雄豪先斗美"，从茶的争奇、茶器斗妍到水的品鉴、技艺的切磋，呈现的是一种高雅的斗茶赛。水美、茶美、器美、艺美、境美，直至味美，入眼处，斗茶场面无处不美。这种美还体现人在斗茶氛围中的反差心态，获胜者往往喜气洋洋，高高在上宛如天山之石英不可及。失败者往往垂头丧气，哭笑不得，犹如战败降将深感耻辱。正因为有了茶，屈原可招魂，刘伶亦得声，商山四皓不用食林芝，首阳山上伯夷、叔齐也无须去采薇；正因为有了茶，长安酒市疲软，成都药市不景气。世人无须羡慕芳龄少女只因为斗茶，所得财富满箱而归。不过，斗茶若能达到蓬莱山仙人的境界，便会有卢仝那样乘此清风欲归去的感觉。

这首诗写得夸张而又浪漫，似行云流水，诗中有不少为后人反复传颂的佳句，的确可与卢仝《七碗茶歌》比肩。

4. 耶律楚材茶诗两首

耶律楚材(1190—1244)，字晋卿，契丹族，辽皇族子弟，先为辽太宗定策立制，后为成吉思汗所用。著名诗人，喜弹琴饮茶，"一曲离骚一碗茶，个中真味更何家"(《夜座弹离骚》)。从军西

域期间，茶难求，以致向友人讨茶。并写下《西域从王君玉乞茶，因其韵七首》，这里选前后两首。

之一：

积年不啜建溪茶，心窍黄尘塞五车。
碧玉瓯中思雪浪，黄金碾畔忆雷芽。
卢仝七碗诗难得，谂老三瓯梦亦赊。
敢乞君侯分数饼，暂教清兴绕烟霞。

之七：

啜罢江南一碗茶，枯肠历历走雷车。
黄金小碾飞琼雪，碧玉深瓯点雪芽。
笔阵阵兵诗思勇，睡魔卷甲梦魂赊。
精神爽逸无余勇，卧看残阳补断霞。

第一首诗感叹说自己多年没喝到建溪茶了，心窍被黄尘塞满。时时忆念"黄金碾畔"的"雷芽"，"碧玉瓯中"的"雪浪"。既不能像卢仝诗中连饮七碗，也不能像赵州和尚那样连吃三瓯，只期望王玉能分几块茶饼。

第七首诗则说只喝了一碗江南的茶，枯肠润泽能跑雷车。黄金茶碾磨茶时碾畔茶粉像玉屑一样纷飞，在碧玉深瓯中点江南雪芽茶。饮后觉得诗思泉涌，睡魔卷甲逃遁，精神爽逸，惬意地卧看落日、晚霞。

四、明清茶诗名作

1. 文徵明《次夜会茶于家兄处》

文徵明是明代成化隆庆期间诗坛著名人物，他写的茶诗和与茶相关的茶叙诗等有 150 多首，为明代写茶诗最多的诗人。除诗作外，文徵明还是一位出色的书画家，绘画造诣深厚，有代表作《惠山茶会图》等。据蔡羽序记，正德十三年(1518)二月十九日，文徵明与好友蔡羽、王守、王宠、汤珍等至无锡惠山游览，品茗饮茶，吟诗唱和，十分相得，事后便创作了《惠山茶会图》。

文徵明的诗歌主要描写平静闲适的生活，诗风也显得疏淡平和。在悠闲的光阴中赏泉、煮茶、品茗是他平静生活中不可或缺的部分，因而有了大量茶诗的诞生。

慧泉珍重著茶经，出品旗枪自义兴。
寒夜清谈思雪乳，小炉活火煮溪冰。
生涯且复同兄弟，口腹深惭累友朋。
诗兴扰人眠不得，更呼童子起烧灯。

这首诗描写了在一个寒冷的冬夜，诗人与自己的家兄围坐在小火炉旁，长夜清淡，促膝相叙。他们一边敲冰煮水，一边欣赏煮茶时泛起的雪白乳花散发着阵阵茶香（图 2-4）。回想当年陆羽为了写《茶经》考察无锡的惠泉，以及宜兴产地“一旗一枪”的阳羡茶。当下，香茗相伴，亲情脉脉；茶烟飘馨，温暖了寒冷的冬夜。为了口腹之欲，惭愧打扰了家兄，同样也感念诸多朋友相助。于是诗人夜不能寐，诗兴大发，忙呼茶童起灯写下了这首充满茶香亲情的诗篇。

图 2-4　文徵明《次夜会茶于家兄处》

来源：黄木生，涂连芳，李晓梅. 简明中国茶艺[M]. 武汉：湖北科学技术出版社，2014.

2. 乾隆《玉泉山天下第一泉记》

乾隆皇帝爱新觉罗・弘历（图 2-5）一生嗜茶，常与群臣茶宴，并别出心裁地以松子、佛手、梅花烹茶，发明了“三清茶”。在

茶宴时，他用摹有御制诗的茶碗，盛上“三清茶”，赐与众臣。君臣一起品茶、作联、赋诗，其乐融融。茶宴过后，众臣还可携碗而归，留作纪念。他还是一位鉴水大家，他曾自制银斗，精量全国各地名泉名水，以轻重定优劣，并作《玉泉山天下第一泉记》，记录了各地泉水的重量，认定北京玉泉山的泉水是最好的。下面这首茶诗是乾隆巡视江南期间，在杭州西子湖畔品味龙井茶时的即兴之作。

坐龙井上烹茶偶成

龙井新茶龙井泉，一家风味称烹煎。
寸芽生自烂石上，时节焙成谷雨前。
何必团凤夸御茗，聊因雀舌润心莲。
呼之欲出辨才在，笑我依然文字禅。

图 2-5　乾隆画像

乾隆在诗的开头便一语道破好茶需要好水冲泡的真谛，认为用龙井泉水烹煎龙井茶是极为独特的且韵味尤佳的“一家风味”。每到了谷雨节气前，把肥沃土地里茶树上露出的寸寸茶芽，采下制作成品质特殊的龙井茶（陆羽认为茶生于烂石者为上。所谓烂石是指风化比较完全、土质肥沃的土壤）。此景此情，不由让乾隆感叹道，看看眼前雀舌（像麻雀舌头形状）般的绝妙香茗，如佛心加持，入口甘甜，滋润本性，又何必常常去颂扬宋代宫廷里的“龙团”和“凤饼”贡茶呢。乾隆在此句中的“心莲”，巧妙地点出了莲花佛意，照见本来面目的当下的一种禅悦，为后句引出辨才禅师作一有效的铺垫。这句话同时也道出了乾隆所品用龙井茶是用龙井茶坯制成的“雀舌茶”。乾隆一生嗜茶如命，留下了不少与茶有关的传说。浙江杭州的“十八棵御茶”树，是他敕封的；福建安溪的“铁观音”茶，是他赐名的；福建崇安的“大红袍”茶，他曾为之题匾。相传乾隆南巡，微服游苏州时，曾在一茶馆饮茶休息。茶馆中春意融融，茶香袅袅，乾隆一时兴起，不自觉地拿起茶壶给自己和随从们斟起茶来。这下可难坏了众随从，下跪谢主隆恩吧，只恐暴露了皇帝身份；不跪呢，又是大逆不道。幸好有一位随从十分机灵，他连忙躬身下步，面朝皇上，弯起食指、中指和无名指，在桌子上轻叩三下，以示双膝下跪，三谢隆恩。其他随从心领神会，纷纷效仿。乾隆见状，也十分高兴，轻声夸道：“以手代脚，诚意可嘉！”这一动作，既简单，又深含寓意，后被民间流传下来，成为现在人们常用的手法。

3.徐渭《某伯子惠虎丘茗谢之》

徐渭(1521—1593)，字文长，号天池山人、青藤居士，明代文学家、书画家，曾著《茶经》(已佚)。其作《某伯子惠虎丘茗谢之》：

虎丘春茗妙烘蒸，七碗何愁不上升。
青箬旧封题谷雨，紫砂新罐买宜兴。
却从梅月横三弄，细搅松风炧一灯。
合向吴侬彤管说，好将书上玉壶冰。

虎丘茶是产自苏州的明代名茶，与长兴的罗岕茶、休宁的松萝茶齐名。从“妙烘蒸”来看，似为蒸青绿散茶。为适应散茶的冲泡的需要，明代宜兴的紫砂壶异军突起，风靡天下，“紫砂新罐买宜兴”正是说明了这种情况。

4. 郑燮《题画诗》

郑燮(1693—1765),字克柔,号板桥,清代著名的“扬州八怪”之一,他能诗善画,尤工书法。其诗放达自然,自成一格。郑板桥有多首茶诗,其《题画诗》如下:

不风不雨正晴和,翠竹亭亭好节柯。
最爱晚凉佳客至,一壶新茗泡松萝。

五、现代茶诗

1. 郭沫若《初饮高桥银峰》

郭沫若(1892—1978),原名郭开贞,现代文学家、史学家、社会活动家。湖南长沙高桥茶叶试验场在1959年创制了新品高桥银峰茶,郭沫若到湖南考察工作,品饮之后倍加称赞,特作《初饮高桥银峰》:

芙蓉国里产新茶,九嶷香风阜万家。
肯让湖州夸紫笋,愿同双井斗红纱。
脑如冰雪心如火,舌不饾饤眼不花。
协力免教天下醉,三闾无用独醒嗟。

2. 赵朴初茶诗

赵朴初(1907—2000),佛教居士、诗人、书法家。他有一首《吃茶去》诗,化用唐代诗人卢仝的“七碗茶”诗意,引用唐代高僧从谂禅师“吃茶去”的禅林法语,诗写得空灵洒脱,饱含禅机,为世人所传诵,是体现茶禅一味的佳作:

七碗受至味,一壶得真趣。空持百千偈,不如吃茶去。

1990年8月,当中华茶人联谊会在北京成立时,他本来答应要参加会议,后因有一项重要外事活动不能参加,特向大会送来诗幅《题赠中华茶人联谊会》:

不羡荆卿夸酒人,饮中何物比茶清。
相酬七碗风生腋,共汲千江月照心。

梦断赵州禅杖举，诗留坡老乳花新。

茶经广涉天人学，端赖群贤仔细论。

他的《咏天华谷尖》，表达了对家乡的深情：

深情细味故乡茶，莫道云踪不忆家。

品遍锡兰和宇治，清芬独赏我天华。

这首诗赵朴初还有个自注："友人赠我故乡安徽太湖茶，叶的形状像谷芽，产于天华峰一带，所以名叫'天华谷尖'。试饮一杯，色碧、香清而味永。今天，斯里兰卡的锡兰红茶、日本的宇治绿茶，都有盛名。我国是世界茶叶的发源地，名种甚多，'天华谷尖'也是其中之一，比起驰誉远近的茶叶来，是有它的特色的。"

第二节　茶　画

茶画是中华茶文化重要的表现形式，它反映了在一定时代社会上的人们饮茶的风尚，而且茶画本身在中华民族瑰丽多姿的艺术宝库中还占有着光辉的一席之地。从历代茶画这一历史的长卷中，可以感受中华茶文化发展史中的许多方面。

一、唐代茶画欣赏

1. 阎立本《萧翼赚兰亭图》

著名的有关茶的画《萧翼赚兰亭图》(图 2-6)，作者为阎立本(约 601—673)，唐代画家。此画描绘的是唐太宗派遣监察御史萧翼到会稽骗取辩才和尚宝藏之王羲之书《兰亭序》真迹的故事。东晋大书法家王羲之于穆帝永和九年(353 年)三月三日同当时名士谢安等 41 人会于会稽山阴(今浙江绍兴)之兰亭，修祓禊之礼(在水边举行的除去所谓不祥的祭祀)。当时王羲之用绢纸、鼠须笔作兰亭序，计 28 行，324 字，世称兰亭帖。王羲之死后，兰亭序由其子孙收藏，后传至其七世孙僧智永，智永圆寂后，又传与弟子辩才，辩才得序后在梁上凿暗槛藏之。唐贞观年间，

太宗喜欢书法，酷爱王羲之的字，唯得不到兰亭序而遗憾，后听说辩才和尚藏有兰亭序，便召见辩才，可是辩才却说见过此序，但不知下落，太宗苦思冥想，不知如何才能得到，一天尚书右仆射房玄龄奏荐：监察御史萧翼，此人有才有谋，由他出面定能取回兰亭序，太宗立即召见萧翼，萧翼建议自己装扮成普通人，带上王羲之杂贴几幅，慢慢接近辩才，可望成功。太宗同意后便照此计划行事，骗得辩才好感和信任后，在谈论王羲之书法的过程中，辩才拿出了兰亭序，萧翼故意说此字不一定是真货，辩才不再将兰亭序藏在梁上，随便放在几上，一天趁辩才离家后，萧翼借故到辩才家取得兰亭序，后萧翼以御史身份召见辩才，辩才恍然大悟，知道受骗但已晚矣，萧翼得兰亭序后回到长安，太宗予以重赏。

图 2-6　萧翼赚兰亭图

来源：贾红文，赵艳红.茶文化概论与茶艺实训[M].

北京：清华大学出版社，2010.

画面有五位人物，中间坐着一位和尚即辩才，对面为萧翼，左下有二人煮茶。画面上，机智而狡猾的萧翼和疑虑为难的辩才和尚，其神态惟妙惟肖。画面左下有一老仆人蹲在风炉旁，炉上置一锅，锅中水已煮沸，茶末刚刚放入，老仆人手持“茶夹子”欲搅动“茶汤”，另一旁，有一童子弯腰，手持茶托盘，小心翼翼地准备“分茶”。矮几上，放置着其他茶碗、茶罐等用具。这幅画不仅记载了古代僧人以茶待客的史实，而且再现了唐代烹茶、饮茶所用的茶器茶具，以及烹茶方法和过程，是茶文化史上不可多得的瑰宝。此画纵 27.4 cm，横 64.7 cm，绢本,工笔着色,无款印,辽宁省博物馆收藏是北宋摹本,台北故宫的是南宋摹本。

2. 周昉《调琴啜茗图卷》

周昉,又名景玄,字仲朗、京兆,西安人,唐代著名仕女画家。擅长表现贵族妇女、肖像和佛像。

画中描绘五个女性,其中三个系贵族妇女。一女坐在磐石上,正在调琴,左立一侍女,手托木盘,另一女坐在圆凳上,背向外,注视着琴,作欲饮之态。又一女坐在椅子上,袖手听琴,另一侍女捧茶碗立于右边,画中贵族仕女曲眉丰肌、秾丽多态,反映了唐代尚丰肥的审美观,从画中仕女听琴品茗的姿态也可看出唐代贵族悠闲生活的一个侧面。此画收藏于台北故宫博物院(图 2-7)。

图 2-7　调琴啜茗图卷

来源:黄木生,涂连芳,李晓梅.简明中国茶艺[M].

武汉:湖北科学技术出版社,2014.

3.《宫乐图》

《宫乐图》(图 2-8),又名《会茗图》,纵 48.7 cm,横 69.5 cm。描绘了宫廷仕女们围坐在长案旁,边品茗,边娱乐的场景。图中共 12 位妇人,或坐或站于长案四周,长案正中置一大茶海,茶海中有一长炳茶勺,一女正执勺,舀茶汤于自己茶碗内。另有正在啜饮品茗者,也有弹琴、吹箫者,神态各异,生动细腻。

此画现收藏于台北故宫博物院。

图 2-8　宫乐图

来源：黄木生，涂连芳，李晓梅. 简明中国茶艺[M]. 武汉：湖北科学技术出版社，2014.

二、宋辽茶画欣赏

（一）（北宋）宋徽宗《文会图》

赵佶，宋徽宗，1101 年即位，在朝 29 年，轻政重文，一生爱茶，嗜茶成癖，常在宫廷以茶宴请群臣、文人，有时兴至还亲自动手烹茗、斗茶取乐。亲自著有茶书《大观茶论》，致使宋人上下品茶盛行。他喜欢收藏历代书画，擅长书法、人物花鸟画。《文会图》描绘了文人会集的盛大场面。在一个豪华庭院中，设一巨榻，榻上有各种丰盛的菜肴、果品、杯盏等，九文士围坐其旁，神志各异，潇洒自如，或评论，或举杯，或凝坐，侍者们有的端捧杯盘，往来其间，有的在炭火桌边忙于温酒、备茶，其场面气氛之热烈，其人物神态之逼真，不愧为中国历史上一个“郁郁乎文哉”时代的真实写照。此画现收藏于台北故宫博物院（图 2-9）。

（二）（南宋）刘松年

1.《茗园赌市图》

刘松年，宋代宫廷画家。浙江杭州人，擅长人物画。宋代刘

图 2-9 文会图

来源：黄木生，涂连芳，李晓梅. 简明中国茶艺[M]. 武汉：湖北科学技术出版社，2014.

松年所绘之《茗园赌市图》(图 2-10)，充分显示了流行于当时宋朝社会点茶之饮茶方式的盛况。整个布景约可分为三部分：手提茶贩、挑担小贩及斗茶会。右侧妇人右手提竹茶炉，左手托“玉川先生”到处卖茶，竹茶炉上有正在煮水的汤瓶，提梁上用绳子绑着分茶罐和茶扇。“玉川先生”是整套点茶工具，底部是茶盘，上面有茶碗、茶托、茶筅以及汤，上左缘有茶杓。老人经营的挑担茶贩远较手提茶贩完备，左右两只提篮，陈列各式各样的茶器，左边篮面斜贴卷标，注明“上等江茶”，江茶指江南茶，以阳羡茶为代表，分团茶、末茶两类。末茶系直接从散茶(干茶叶)研磨而来。茶器比右边妇人的完备，件数多，清洗工具也完备。担子上空用竹架成防雨盖，比较不受天气限制。此画现收藏于台北故宫博物院。

2.《卢仝烹茶图》

《卢仝烹茶图》生动地描绘了南宋时的烹茶情景(图 2-11)。画面上山石瘦削，松槐交错，枝叶繁茂，下覆茅屋。卢仝拥书而

坐，赤脚女婢治茶具，长须肩壶汲泉。

图 2-10　茗园赌市图

来源：黄木生，涂连芳，李晓梅. 简明中国茶艺[M]. 武汉：湖北科学技术出版社，2014.

图 2-11　卢仝烹茶图

来源：黄木生，涂连芳，李晓梅. 简明中国茶艺[M]. 武汉：湖北科学技术出版社，2014.

3.《撵茶图》

《撵茶图》为工笔白描，描绘了宋代从磨茶到烹点的具体过程、用具和点茶场面(图 2-12)。画中左前方一仆设坐在矮几上，正在转动碾磨磨茶，桌上有筛茶的茶罗、贮茶的茶盒等。另一人伫立桌边，提着汤瓶点茶(泡茶)，他左手边是煮水的炉、壶和茶巾，右手边是贮水瓮，桌上是茶筅、茶盏和盏托。一切显得十分安静整洁，专注有序。画面右侧有三人，一僧伏案执笔作书，传说此高僧就是中国历史上的“书圣”怀素。一人相对而坐，似在观赏，另一人坐其旁，正展卷欣赏。画面充分展示了贵族官宦之家讲究品茶的生动场面，是宋代茶叶品饮的真实写照。此画现收藏于台北故宫博物院。

图 2-12 撵茶图

来源：黄木生，涂连芳，李晓梅. 简明中国茶艺[M]. 武汉：湖北科学技术出版社，2014.

(三)张文藻《童嬉图》

张文藻墓壁画《童嬉图》规格：纵 170 cm，横 145 cm。1993 年，河北省张家口市宣化区下八里村 7 号辽墓出土。壁画图右有四个人物，四人中间放茶碾一只，船形碾槽中有一碾轴。旁边有一个黑皮朱里圆形漆盘，盘内放有曲柄锯子、毛刷和绿色茶碾。盘的上方有茶炉，炉上坐一执壶。画中间的桌子上放着些茶碗、贮茶瓶等物。壁画真切地反映了辽代晚期的烹茶用具和方式，细致真实，具有史料价值(图 2-13)。

(四)(辽)《妇人饮茶听曲图》

河北宣化下八里韩师训墓出土。壁画右侧一女人正端杯饮茶，桌上还有几盘茶点，左侧有人弹琴，形象逼真（图 2-14）。

图 2-13　童嬉图

来源：黄木生，涂连芳，李晓梅. 简明中国茶艺[M].

武汉：湖北科学技术出版社，2014.

图 2-14　妇人饮茶听曲图

来源：黄木生，涂连芳，李晓梅. 简明中国茶艺[M].

武汉：湖北科学技术出版社，2014.

（五）辽代壁画

河北宣化下八里村 6 号墓辽代壁画。壁画中共有 6 人，一人碾茶，一人煮水，一人点茶，反映了当时的煮茶情景（图 2-15）。

图 2-15 辽代壁画

来源:黄木生,涂连芳,李晓梅.简明中国茶艺[M].武汉:湖北科学技术出版社,2014.

(六)张世古墓壁画《瀹茶敬茶图》

张世古墓壁画,河北宣化下八里张世古墓出土。壁画中桌子上放着大碗、茶碗,一人正在将茶汤从壶中注入另一人端着的茶碗中,形象逼真(图 2-16)。

图 2-16 瀹茶敬茶图(局部)

来源:黄木生,涂连芳,李晓梅.简明中国茶艺[M].武汉:湖北科学技术出版社,2014.

三、元代茶画欣赏

1. 赵原《陆羽烹茶图》

元代赵原所作《陆羽烹茶图》，纵 27.0 cm，横 78.0 cm，为台北故宫博物院收藏（图 2-17）。此画以陆羽烹茶为主题，用水墨画形式勾勒出远山近水，一派闲适恬静的意境呼之欲出。草堂上的陆羽，按膝斜坐于榻上，旁边有一小童，正在拥炉烹茶。图上题诗云：“山中茅屋是谁家，兀会闲吟到日斜，俗客不来山鸟散，呼童汲水煮新茶。”

图 2-17　陆羽烹茶图

来源：黄木生，涂连芳，李晓梅. 简明中国茶艺[M]. 武汉：湖北科学技术出版社，2014.

2. 赵孟頫《斗茶图》

《斗茶图》是茶画中的传神之作，作者赵孟頫（1254—1322），元代画家。画面上四茶贩在树荫下作“茗战”（斗茶）。人人身边备有茶炉、茶壶、茶碗和茶盏等饮茶用具，轻便的挑担有圆有方，随时随地可烹茶比试。左前一人一手持茶杯、一手提茶桶，意态自若；其身后一人一手持一杯，一手提壶，作将壶中茶水倾入杯中之态；另两人站立在一旁注视。斗茶者把自制的茶叶拿出来比试，展现了宋代民间茶叶买卖和斗茶的情景。此图为台北故宫博物院收藏(图 2-18)。

图 2-18 斗茶图

来源：贾红文，赵艳红. 茶文化概论与茶艺实训[M]. 北京：清华大学出版社；北京交通大学出版社，2010.

四、明清茶画欣赏

1.(明)丁云鹏《煮茶图》

故宫博物院收藏的一幅明代画家丁云鹏所作《煮茶图》，就生动地描绘了卢仝饮茶的画面(图 2-19)。丁云鹏(1547—1628)，字南羽，号圣华居士，安徽休宁人。此图正是描绘了卢仝《走笔谢孟谏议寄新茶》诗中的意境。画中卢仝坐在芭蕉林下、假山之旁，手执团扇，目视茶炉，正在聚精会神煨煮茶汤。图下一长须仆捡壶而行，似是汲泉而去，左边一位赤脚婢女，双手捧果盘而来。画面人物神态生动，描绘出了煮泉品茗的真实情景。

无锡市博物馆收藏有丁云鹏的另一幅《煮茶图》(图 2-20)。全图纵 140.5 cm,横 57.8 cm。图中描绘了卢仝坐榻上,背后开放的白玉兰花和假山生动雅致。卢仝双手置于膝上,榻边置一煮茶炉,炉上茶瓶正在煮水,榻前几上有茶罐、茶壶,置茶托上的茶碗等,旁有一须仆正蹲地取水。榻旁有一老婢双手端果盘正走过来。

图 2-19　煮茶图

来源:黄木生,涂连芳,李晓梅.简明中国茶艺[M].武汉:湖北科学技术出版社,2014.

图 2-20　煮茶图

来源:黄木生,涂连芳,李晓梅.简明中国茶艺[M].武汉:湖北科学技术出版社,2014.

2.(明)唐寅《事茗图》

《事茗图》是唐寅所著茶画中一幅体现明代茶文化的名作(图 2-21)。此画左上角,唐伯虎自作题诗:"日常何所事?茗碗自矜持。料得南窗下,清风满鬓丝。"《事茗图》,不管是画还是书,都是明代书画中的上乘佳作。画的正中,一条溪水正从云雾缭绕的山间潺潺流下,朦胧有韵;近处,巨石苍松,清晰生动。在小溪的左面,几间房屋在松林掩映下犹如世外桃源。饱含"采菊东篱下,悠然见南山"的清雅意境。

图 2-21 事茗图(局部)

来源:黄木生,涂连芳,李晓梅.简明中国茶艺[M].武汉:湖北科学技术出版社,2014.

3.(清)汪承霈《群仙集祝图》

清代汪承霈《群仙集祝图》。此画纵 27 cm,横 235.1 cm,为中国台北故宫博物院所藏。以工笔方式描绘了斗茶会上的各种人物形象,他们有的在准备茶碗,有的自己先饮为快,有的评头论足,有的在察言观色。人物造型写实,神态各异,极富生活气息(图 2-22)。

图 2-22 群仙集祝图

来源:黄木生,涂连芳,李晓梅.简明中国茶艺[M].武汉:湖北科学技术出版社,2014.

五、现代茶画欣赏——齐白石《煮茶图》

现代名家齐白石的作品《煮茶图》。图中蒲扇一把斜置于火炉一旁，一把长柄茶壶正安放在火炉之上，似乎正在煮水准备沏茶。恬淡悠然，自在安详，跃然纸上(图 2-23)。

图 2-23　煮茶图

来源：黄木生，涂连芳，李晓梅. 简明中国茶艺[M]. 武汉：湖北科学技术出版社，2014.

第三节　茶　　文

一、晋代茶文——杜育《荈赋》

杜育的《荈赋》是中国茶文的开山之作。杜育，西晋末年人，先后任汝南太守、右将军、国子监祭酒。所作《荈赋》如下：

灵山惟岳，奇产所钟。瞻彼卷阿，实曰夕阳。厥生荈草，弥谷被岗。承丰壤之滋润，受甘霖之霄降。月惟初秋，农功少休，结偶同旅，是采是求。水则岷方之注，挹彼清流。器择陶简，出自东隅；酌之以匏，取式公刘。惟兹初成，沫成华浮，焕如积雪，晔若春敷。

——(《艺文类聚》卷82)

《荈赋》第一次全面地叙述了中国历史上有关茶树种植、培育、采摘、器具、冲泡等茶事活动。赋文开头描述了茶树的生长环境：高耸入云的灵山，是"物华天宝"的钟情之地；看那山麓西侧的卷耳岭，茶树生长在长年云雾缭绕，日月钟情的地方。接着便写茶的种植环境：漫山遍野的茶树，享受着肥沃土壤的滋润，晚上雾露茶树，清新鲜嫩。初秋时节，农事稍闲，可以邀诸友，结伴来到这样美丽的灵山采茶制茶。而对于烹茶用水和品饮的茶器，则大有讲究。择水取流经岷江之地的清澈山泉，择器则选东瓯越州的精致陶器。品茶方式则效仿先贤公刘之法(公刘是古代周族首领，传为后稷的曾孙，夏代末年率周族迁居到豳——今陕西彬县一带安定居住)。"酌之以匏，取式公刘"，盛茶用具是用葫芦剖开做的。待茶煮好，茶汤呈现一种积雪般的耀眼，犹如春天般的草木亮丽灿烂。

二、唐代茶文

1. 吕温《三月三日茶宴序》

茶宴活动是唐代茶文化的盛况之一。唐代的文人、士大夫们已经不把酒作为宴会的主要饮料，而是以茶的素雅之意取代酒的世俗味道，体现了文人之间的清雅之趣。茶宴乃是古人用茶来宴请宾客、会聚友朋之举，也是唐代社会的一种风尚和流行元素。吕温的《三月三日茶宴序》对唐代茶宴作了全面而细腻的描绘：

三月三日，上巳禊饮之日也。诸子议以茶酌而代焉。乃拨

花砌，憩庭阴，清风逐人，日色留兴。卧指青霭，坐攀香枝。闻莺近席而未飞，红蕊拂衣而不散。乃命酌香沫，浮素杯，殷凝琥珀之色，不令人醉。微觉清思，虽五云仙浆，无复加也。座右才子南阳邹子、高阳许侯，与二三子顷为尘外之赏，而曷不言诗矣。

文章开头，交代了时间、缘由。接着对现场景色做了生动的描绘，在花香撩人，庭下花坛和清风拂面环境下参加茶宴和歇息，红日助兴，花草清荫，杨柳依依，一派天人合一的情调，那种神醉情驰、风韵无比的野趣还体现在有人“卧指青霭”，有人“坐攀香枝”，各种散漫姿态都毫无拘束地释放出来，而近在咫尺的黄莺也加入这大好的春光之中，迟迟不肯飞去；再看枝头的红色花蕊撒在了人的身上，为茶宴增添了情趣，让人陶醉其中。正所谓“万事俱备，只欠东风”情趣之下，快，上茶，上好茶，沏上一壶琥珀之色的香茶，分注乳色素杯，闻之令人神清气爽，品之令人芳香满怀。于此迷人春色中让一杯茶拉近我们与天地距离，与天地对话。不说羽化登仙，此景此情，杯中之茶，其珍贵程度就连五云仙浆（唐代名酒，现成都望江公园内有五云仙馆。白居易、杜牧、薛涛等常在此饮酒）也无法比拟。身边的至交好友均为红尘外的高雅之士，面对此情此景，已然忘言。

2. 顾况《茶赋》

顾况，别号华阳山人，晚字逋翁。中唐才子，与茶相知相交。此《茶赋》与杜育《茶赋》有颇多异曲同工之妙。

稷天地之不平兮，兰何为兮早秀，菊为何兮迟荣。皇天既孕此物兮，厚地复糅之而萌。惜下国之偏多，嗟上林之不至。如玳筵，展瑶席，凝藻思，间灵液，赐名臣，留上客，谷莺啭，泛浓华，漱芳津，出恒品，先众珍，君门九重，圣寿万春，此茶上达于天子也；滋饭蔬之精素，攻肉食之膻腻。发当暑之清吟，涤通宵之昏寐。杏树桃花之深洞，竹林草堂之古寺。乘槎海上来，飞赐云中至，此茶下被于幽人也。《雅》曰：“不知我者，谓我何求？”可怜翠涧阴，中有碧泉流。舒铁如金之鼎，越泥似玉之瓯。轻烟细沫霭然浮，爽气淡云风雨秋。梦里还钱，怀中赠袖。虽神妙而焉求。

天地之大，尚有诸多不平事，譬如为何兰花早吐芳而菊花却迟迟绽放呢？上天造化，孕育出茶这样一种极具灵性的作物，但同样也有其他作物生长在沃土而萌芽。文章假借天地不公平，实则在赞叹自然界赐给人类这等灵物的同时，也告诉人们自然界的季节性是何等分明啊。接着，文章以带有一种令人叹惋的口吻叹道：南国许多地方多有茶树生长，而天子脚下的北国却不见茶树生长。此处的“下国”与“上林”可有多种解读，平民之地与权贵之地，北方与南方，北国与南国等。接着作者用略带羡慕嫉妒恨的口气描绘着茶的“造化钟神秀”，却又生长在“下国”。

作者以骈文和对比的方法铺陈“上达天子”“下被幽人”恩泽四方的魅力——于玳筵瑶席，伴灵液美酒，与名臣上客，贺君门圣寿，这是茶“上达于天子”的隆重展示。滋精素，攻膻腻，发夏日之清吟，涤昏寐，于杏花丛中，桃花洞里，竹林草堂古寺中，这是茶“被于幽人”的深情之处。结尾处则引《诗经·雅》中的“不知我者，谓我何求”之句来表达说，知道我的人说我是喜欢茶心忧，不知道我的人该以为我到底在说什么呀。用正话反说的方式来表明隐逸山林、宁静淡泊才是自己的追求：在“爽气淡云风雨秋”境界里，何须常怀“梦里还钱，怀中赠袖”之叹呢？茶有如此神妙之处，人生还有何求呢？

三、宋代茶文

1. 唐庚《斗茶记》

北宋诗人唐庚，字子西，人称鲁国先生。《斗茶记》作于正和二年（1112年），反映的是宋代极盛行的斗茶或“茗战”场面。所谓斗茶，比茶之优劣，论水之等第，可以多人进行，也可一人进行，不抱有任何得失之心为好。唐庚对于饮茶有着自己一套独特的见解，特别是他提出了关于品茶用水高下优劣的观点，对后世产生了深远影响。

政和二年三月壬戌，二三君子相与斗茶于寄傲斋。予为取

龙塘水烹之，而第其品。以某为上，某次之，某闽人，其所赍宜尤高，而又次之。然大较皆精绝。盖尝以为天下之物，有宜得而不得，不宜得而得之者。富贵有力之人，或有所不能致；而贫贱穷厄流离迁徙之中，或偶然获焉。所谓尺有所短，寸有所长，良不虚也。唐相李卫公，好饮惠山泉，置驿传送，不远数千里，而近世欧阳少师作《龙茶录序》，称嘉祐七年，亲享明堂，致斋之夕，始以小团分赐二府，人给一饼，不敢碾试，至今藏之。时熙宁元年也。吾闻茶不问团绔，要之贵新；水不问江井，要之贵活。千里致水，真伪固不可知，就令识真，已非活水。自嘉祐七年壬寅，至熙宁元年戊申，首尾七年，更阅三朝，而赐茶犹在，此岂复有茶也哉。今吾提瓶支龙塘，无数十步，此水宜茶，昔人以为不减清远峡。而海道趋建安，不数日可至，故每岁新茶，不过三月至矣。罪戾之余，上宽不诛，得与诸公从容谈笑于此，汲泉煮茗，取一时之适，虽在田野，孰与烹数千里之泉，浇七年之赐茗也哉，此非吾君之力欤。夫耕凿食息，终日蒙福而不知为之者，直愚民耳，岂吾辈谓耶，是宜有所记述，以无忘在上者之泽云。

首先交代了斗茶的时间、地点和人物。虽无直接叙述斗茶的经过，也没有交代斗茶见水次第的依据和标准，但却通过举例唐代李德裕千里取水和宋代欧阳修贡茶七年尚未吃完的事实来告诉人们：不管什么样的茶叶，茶一定是要新茶，不管什么样的水质，水一定要活水。文中对李德裕之水和欧阳修之茶提出了质疑：想那李德裕饮惠山泉水，长途跋涉，以过去运输工具的速度，真正到了他手上，姑且不论其真假，这水质一定很差。千里之遥足以使天下名泉变成一泓死水，以死水煮茶，纯粹糟蹋了茶叶；而欧阳修七年储藏的茶，查找三朝史书，没有说明茶是越久越香的。如此长时间的茶要变成何物？唐庚最后说到自己贬谪惠州，却每天能提着瓶子走龙塘取水。并且每年新茶上市不出三个月就能得到建安茶，以戴罪之身，在乡村与朋友一起煮茶品茗，获取身心快乐，哪怕是一时的快乐也很好。实际上，唐庚虽然处在劣境中，但能以茶为乐，泰然处之，表现了作者随性而适、随意而安的乐观态度。

2. 梅尧臣《南有嘉茗赋》

北宋诗人梅尧臣，字圣俞，世称宛陵先生。少时应进士不第，历任州县官属。中年后赐同进士出身，授国子监直讲，官至尚书都官员外郎。梅尧臣的茶诗、茶文尚多，其《南有嘉茗赋》的表现艺术被茶文化界称为上乘之作。赋文的字里行间充满了对茶农的体恤之情，揭露了当时社会矛盾和贫富对立。

南有山原兮，不凿不营，乃产嘉茗兮，嚣此众氓。土膏脉动兮雷始发声，万木之气未通兮，此已吐乎纤萌。一之曰雀舌露，掇而制之以奉乎王庭。二之曰鸟喙长，撷而焙之以备乎公卿。三之曰枪旗耸，搴而炕之将求乎利赢。四之曰嫩茎茂，团而范之来充乎赋征。当此时也，女废蚕织，男废农耕，夜不得息，昼不得停。取之由一叶而至一掬，输之若百谷之赴巨溟。华夷蛮貊，固日饮而无厌；富贵贫贱，不时啜而不宁。所以小民冒险而竞鬻，孰谓峻法之与严刑。呜呼！古者圣人为之丝枲絺綌而民始衣，播之禾麰麦菽粟而民不饥，畜之牛羊犬豕而甘脆不遗，调之辛酸咸苦而五味适宜，造之酒醴而宴飨之，树之果蔬而荐羞之，于兹可谓备矣。何彼茗无一胜焉，而竞进于今之时？抑非近世之人，体惰不勤，饱食粱肉，坐以生疾，藉以灵荈而消腑胃之宿陈？若然，则斯茗也，不得不谓之无益于尔身，无功于尔民也哉。

四、元代茶文——杨维桢《煮茶梦记》

杨维桢，元代著名文学家、书画家，字廉夫，号铁崖、铁笛道人。他的散文《煮茶梦记》充分表现了饮茶人在茶香的熏陶中，恍惚神游的心境。见出他对道家崇尚自然、飘逸欲仙的生活和思想的心仪。全文如下：

铁龙道人卧石林，移二更，月微明，及纸帐梅影，亦及半窗。鹤孤立不鸣。命小芸童汲白莲泉，燃槁湘竹，授以凌霄芽，为饮供。道人乃游心太虚，若鸿蒙，若皇芒，会天地之未生，适阴阳之若亡。恍兮不知入梦，遂坐清真银晖之堂，堂上香云帘拂地，中著紫桂榻，绿琼几，看太初易一集，集内悉星斗文焕煜爚熠，金流

玉错，莫别爻画。若烟云明交丽乎中天，数玉露凉，月冷如冰，入齿易刻，因作《太虚吟》，吟曰："道无形兮兆无声，妙无心兮一以贞，百象斯融兮太虚以清。"歌已，光飙起林末，激华氛，郁郁霏霏，绚烂淫艳。乃有扈绿衣若仙子者，从容来谒云："名淡香，小字绿花。"乃捧太元杯，酌太清神明之醴，以寿予。侑以词曰："心不行，神不行，无而为。万化清。"寿毕，纾徐而退，复令小玉环，侍笔牍，遂书歌遗之曰："道可受兮不可传，天无形兮四时以言，妙乎天兮天天之先，天天之先，复何仙移间。"白云微消，绿衣化烟，月反明予内间。予亦悟矣，遂冥神合元，月光尚隐隐于梅花间。小芸呼曰："凌霄芽熟矣！"

开头交代饮茶的地点、时间、环境。二更时分，作者铁崖道人静卧在山林中的石床，柔弱的月光，投射在纸帐里的梅花的画面上，这真是梅影静而鹤形孤，让人有飘飘欲仙的感觉。在如此美丽夜色中，他让书童小芸从白莲泉汲来清泉水后，开始在茶锅下点一些枯萎斑竹条和植物枝，烹煮一壶"凌霄茶"为品用。梦，就从煮茶时分开始了——铁崖道人游心太虚，从远古的鸿蒙到皇芒之气，天地间均入向阴阳太极。梦正酣，时坐清真银晖之堂，香雾缭绕；时看太初《易经》，书内一片星斗文焕；时吟静虚之诗，有见绿衣仙子飘然而至，捧来太清神明醴酒；时写感悟之歌，然后冥神合元，回到静静的月夜中……就在冥冥之中，突然隐隐听到书童小芸在铁崖道人身边轻轻呼道："凌霄茶煮熟了！"

这篇体现道家思想与茶道相融神和的代表作，以优美的文字把真实的场景加上梦境的虚幻，描绘出一位爱茶人缥缈而美妙的梦，构成了神仙般的美景良辰和虚幻脱俗的境地，充溢着道家思想中的自然之美。"天人合一"让人在现实意境里与睡梦幻想里，把心交付于飘散着茶香的月光中，神冥于自然的出世境界。想象中的美好与茶交融在一起，现实中的景象与太虚幻境合二为一。景与梦，人与茶，境与思，浑然一体，共融共化在神冥自然的天地阴阳两级之中，不能不让人沉浸在道家所追求的"含道独往，弃智遗身"的精神境界，也不得不让人追随铁崖道人之梦并且遁入羽化登仙的静谧之中。《煮茶梦记》将饮茶的境界写得高深玄妙,同时也给我们带来一种茶道的空灵虚静。

五、明代茶文——张岱《闵老子茶》

张岱的《陶庵梦忆》包罗万象,如种植花草、喂养鱼鸟、佳节风尚等,皆辟另境。中有茶文《闵老子茶》,堪称精彩。

周墨农向余道闵汶水茶不置口。戊寅九月,至留都,抵岸,即访闵汶水于桃叶渡。日晡,汶水他出,迟其归,乃婆娑一老。方叙话,遽起曰:“杖忘某所。”又去。余曰:“今日岂可空去?”迟之又久,汶水返。更定矣。睨余曰:“客尚在耶?客在奚为者?”余曰:“慕汶老久,今日不畅饮汶老茶,决不去。”汶水喜,自起当炉。茶旋煮,速如风雨。导至一室,明窗净几,荆溪壶、成宣窑瓷瓯十余种,皆精绝。灯下视茶色,与瓷瓯无别而香气逼人,余叫绝。余问汶水曰:“此茶何产?”汶水曰:“阆苑茶也。”余再啜之,曰:“莫绐余。是阆苑制法,而味不似。”汶水匿笑曰:“客知是何产?”余再啜之,曰:“何其似罗岕甚也?”汶水吐舌曰:“奇,奇!”余问水何水,曰惠泉。余又曰:“莫绐余!惠泉走千里,水劳而圭角不动,何也?”汶水曰:“不复敢隐。其取惠水,必淘井,静夜候新泉至,旋汲之。山石磊磊藉瓮底,舟非风则勿行,放水之生磊。即寻常惠水,犹逊一头地,况他水耶!”又吐舌曰:“奇,奇!”言未毕,汶水去。少顷持一壶满斟余曰:“客啜此。”余曰:“香扑烈,味甚浑厚,此春茶耶。向瀹者的是秋采。”汶水大笑曰:“予年七十,精赏鉴者无客比。”遂定交。

作者从友人处听说闵汶水能闻茶识茶,看水识水(所谓“茶不置口”),决心一往。这位闵汶水神秘非常,先是过了很长时间出现,来了不久出去取拐杖,看似漫不经心。待张岱说明来意,汶水这才神采勃发,于是,亲手支起炉子煮茶。不一会儿,只见茶在容器中沸速旋转,如风如雨一般。老人把客人引到一处窗明几净的幽雅所在,室内有宜兴紫砂壶和成宣窑制作的瓷瓯十多种,都是精品、名贵的茶器(晚明已把紫砂壶称为荆溪壶,清初的制壶艺人落款时有“荆溪华凤翔制”)。这些茶器精妙绝伦,看

得张岱连连叫好。灯下观茶汤，汤色居然与茶器颜色没有区别，而且茶香味好，张岱连连叫绝。并询问汶水老人："这茶产在什么地方？"汶水老人回答："阆苑茶"（阆苑茶，史书无记载。此处可能神仙茶统称。阆风：传说中在昆仑山之巅，是西王母居住的地方。在诗词中常用来泛指神仙居住的地方，有时也代指帝王宫苑）。当张岱再次拿起茶杯轻啜一口后说："老人家别打马虎眼了，这茶看似是阆苑的制法，但茶的味道相差甚远。"汶水老人暗中偷笑说："那你说是什么茶呢？"张岱又一次拿起茶杯轻啜一口道："这茶应该像罗岕茶（长兴一带）"。汶水老人一听不得不吐舌连声称奇。接着张岱又问汶水老人所泡之茶是用什么水，老人回答是惠山泉。张岱却坚定说："老人家不要骗我了（绐：古同"诒"：欺骗、欺诈之意）。惠山泉在千里之外（惠山泉从无锡到南京并无千里，这里泛指路途遥远）如果运到这里，一定会有水疲劳（变质）的痕迹（圭角：原指锋芒之意，此文指痕迹，迹象），但这水鲜爽不损，明显不是，这是为何？"汶水老人回答：不敢再隐瞒你了，要取惠泉水，一定要淘新井，在宁静的夜晚等待涌出的新泉，然后就马上取水。把山上的石子铺在水瓮底部，既可以保证泉水的鲜活度，又可以加重船的重量，不是有风的时候不能行船吗？

大凡鲜活的泉水是离不开磊石中的矿物质（"放水之生磊"之意其实是磊生鲜活之水，此处之"放"意指水的流动性），这样运来的鲜活泉水，其清冽程度远比寻常而普通的惠泉水要好得多（而寻常惠泉比之"犹逊一头地"：形容"矮一截"），更何况是其他的水呢！闵老人回答完，不得不再一次对张岱佩服有加，欣赏他的鉴水能力，并口中称奇。闵老人话还未说完，接着就出去了。待一会儿，拿了一把斟满茶的壶回来，对张岱说："你品尝一下这款茶吧。"张岱品之回道："这茶香气浓烈，味道淳厚，这茶是春茶，但刚才煮的茶却是秋天里采摘的。"汶水老人一听喜笑颜开说："我已七十岁，见到许多赏茶鉴水品评之人，但没有一个能及得上你的鉴赏能力。"于是，汶水老人决定与张岱相交为友、结为知己。

实际上，张岱在写此文前，就已断定自己能够与闵汶水成为好朋友。挚友周墨农曾担心脾气倔强的闵老头不会理会张岱，故在张岱去之前已经嘱咐道："南京桃叶渡的闵汶水你一定要去拜访，就说是我周墨农的挚友，不然的话，闵老怕是不理睬你。"而张岱却很淡然，他说："闵老善烹茶我善品鉴，我与他定然一见如故。"从《闵老子茶》一文可以看出张岱与汶水老人的对话让人有一种"茶虽平而道却深"的感觉，同时让我们联想到俞伯牙与钟子期那般高山流水遇知音的感知，令人叫绝。

六、清代茶文——梁章钜《归田琐记·品泉》

梁章钜，字茝中、闳林，号茝邻，晚年自号退庵，祖籍长乐，后迁居福州。其《品泉》一文，是一篇题赞北京玉泉山的佳作。

唐、宋以还，古人多讲求茗饮。一切汤火之候，瓶盏之细，无不考索周详，著之为书。然所谓龙团、凤饼，皆须碾碎方可入饮，非惟烦琐弗便，即茶之真味，恐亦无存。其直取茗芽，投以瀹水即饮者，不知始自何时。沈德符《野获编》云："国初四方供茶，以建宁、阳羡为上，时犹仍宋制，所进者俱碾而揉之为大小龙团，至洪武二十四年九月，上以重劳民力，罢造龙团，惟采茶芽以进，其品有四：曰采春，曰先春，曰次春，曰紫笋。置茶户五百，充其徭役。"乃知今法实自明祖创之，真可令陆鸿渐、蔡君谟心服。忆余尝再游武夷，在各山顶寺观中取上品者，以岩中瀑水烹之，其芳甘百倍于常。时固由茶佳，亦由泉胜也。按品泉始于陆鸿渐，然不及我朝之精。记在京师，恭读纯庙御制《玉泉山天下第一泉记》云："尝制银斗较之，京师玉泉之水斗重一两，塞上伊逊之水亦斗重一两，济南珍珠泉斗重一两二厘，扬子金山泉斗重一两三厘，则较玉泉重二厘或三厘矣。至惠山、虎跑，则各重玉泉四厘，平山重六厘，清凉山、白沙、虎邱及西山之碧云寺各重玉泉一分。然则更无轻于玉泉者乎？曰有，乃雪水也。常收积素而烹之，轻玉泉斗轻三厘，雪水不可恒得。则凡出山下而有冽者，诚无过京师之玉泉，故定为天下第一泉。"

文章考述了明清代撮茶法的来历以及用此法品茶时对水的讲究。大致可分为两部分。先说唐宋以来古人的饮茶之道，对团茶捣碎后再煮饮的做法表示质疑，认为其繁琐不便，而且失去了茶的真味。而新兴的采摘茶芽做茶，“旋瀹旋饮”的撮茶法(即今天的绿茶冲泡方法)，则便利异常。于是考述该法的来历，认为这种撮茶法应该源自明代朱元璋“罢造龙团”之事，肯定了朱元璋对制茶的革新之功。然后谈到用水的标准问题，认为唐代陆羽以来对泉水的分类，不如清代精确。继而引出乾隆的《玉泉山天下第一泉记》的鉴水观点。

第三章 茶　艺

第一节　茶艺的概念

一、"茶艺"一词渊源

中国茶艺古已有之。中国古代的一些茶书，如唐代陆羽的《茶经》，宋代蔡襄的《茶录》、赵佶的《大观茶论》，明代张源的《茶录》、许次纾的《茶疏》等，对古代中国的各种茶艺有着具体的记录。但是20世纪70年代以前，中国茶艺有实无名。中国古代虽无"茶艺"一词，但有一些与茶艺相近的名词或表述。

"楚人陆鸿渐为《茶论》，说茶之功效，并煎茶炙茶之法。造茶具二十四事，以都统笼贮之。远近倾慕，好事者家藏一副。有常伯熊者，又因鸿渐之《论》广润色之。于是茶道大行，王公朝士无不饮者。"封演的"茶道"，当属"饮茶之道"，亦即"饮茶之艺"。

《舜茗录》:"吴僧文了善烹茶。游荆南，高保勉白于季兴，延置紫云庵，日试其艺。保勉父子呼为汤神。"文了善烹茶，人称汤神，其"艺"当为"烹茶之艺"。

"馔茶而幻出物象于汤面者，茶匠通神之艺也。沙门福全生于金乡，长于茶海，能注汤幻茶，成一诗句。共点四瓯，并一绝句，泛乎汤表。"注汤幻茶成物象，成诗句，这种"通神之艺"当属"点茶之艺"。

"夫茶之为艺下矣，至其精微，书有不尽，况天下之至理，而欲求之文字纸墨之间，其有得乎？……夫艺者，君子有之，德成而后及，所以同于民也；不务本而趋末，故业成而下也。""茶之为艺"之"艺"，应包括煎茶、制茶甚至种茶之艺。陈师道认为"茶之

艺”乃下，为末，而德才为本。尽管陈师道批评陆羽“不务本而趋末，故业成而下”，但并不否认“茶之为艺”的客观存在。

《茶录》：“造时精，藏时燥，泡时洁，精、燥、洁，茶道尽矣。”张源的“茶道”义即“茶之艺”，乃造茶、藏茶、泡茶之艺。

中国古代有“茶道”一词，并承认“茶之为艺”。其“茶道”“茶之艺”有时仅指煎茶之艺、点茶之艺、泡茶之艺，有时还包括制茶之艺、种茶之艺。中国古人虽没有直接提出“茶艺”概念，但从“茶道”“茶之艺”到“茶艺”只有一步之遥。

二、众说纷纭的“茶艺”

“茶艺”一词的最先出现，是胡浩川在为傅宏镇辑《中外茶业艺文志》一书所作的序里。其《序》有：“有宋以迄晚近，地上有人饮水之处，即几无不有饮茶之风习，亦即几无不有茶之艺文也。幼文先生即其所见，并其所知，辑成此书。津梁茶艺，其大裨助乎吾人者，约有三端：今之有志茶艺者，每苦阅读凭藉之太少，昧然求之，又复漫无着落。物无可物，莫知所取；名无可名，莫知所指。自今而后，即本书所载，按图索骥，稍多时日，将必搜之而不尽，用之而不竭。凭其成绩，弘我新知，其乐为何如也，此其一。技术作业，同其体用者，多能后胜乎前。茶之艺事，既已遍及海外。科学应用，又复日精月微，分工尤以愈细。吾人研究，专其一事，则求所供应，亦可问途于此。开物成务，存乎取舍之间；实验发明，参乎体用之际。博取精用，无间中外，其乐又何如也，此其二。吾国物艺，每多绝学……”胡浩川先生这里所说的“茶艺”，是中国诸多“物艺”的一种，实即“茶之艺事”，是包括茶树种植、茶叶加工，乃至茶叶品评在内的茶之艺——有关茶的各种技艺。胡浩川先生此文作于中华民国二十九年，即1940年。

范增平说：“1977年，以中国民俗学会理事长娄子匡教授为主的一批茶的爱好者，倡议弘扬茶文化，为了恢复弘扬品饮茗茶的民俗，有人提出‘茶道’这个词；但是，有人提出‘茶道’虽然建立于中国，但已被日本专美于前，如果现在援用‘茶道’恐怕引起误会，以为是把日本茶道搬到中国台湾来；另一个顾虑，是怕‘茶道’这个名词过于严肃，中国人对于‘道’字是特别敬重的，感觉高高在上的，要人们很快就普遍接受可能不容易。于是提出‘茶艺’这个词，经过一番讨论，大家同意才定案。‘茶艺’就这么产生了。”看来，当初提出“茶艺”是作为“茶道”的代名词。

20世纪40年代初，胡浩川创立“茶艺”一词，但成空谷足音。直到20世纪70年代再倡“茶艺”，始受重视。但因为茶艺是新名词、新概念，后来就引发了关于茶艺如何界定的问题。

什么叫茶艺呢？它的界说分成广义和狭义的两种界定。范增平认为：“广义的茶艺是，研究茶叶的生产、制造、经营、饮用的方法和探讨茶业原理、原则，以达到物质和精神全面满足的学问。而狭义的界说，是研究如何泡好一壶茶的技艺和如何享受一杯茶的艺术。”并说：“茶艺的范围包含很广，凡是有关茶叶的产、制、销、用等一系列的过程，都是茶艺的范围。举凡：茶山之旅、参观制茶过程、认识茶叶、如何选购茶叶、如何泡好一壶茶、茶与壶的关系、如何享用一杯茶、如何喝出茶的品位来、茶文化史、茶业经营、茶艺美学等，都是属于茶艺活动的范围。”即“所谓茶艺学，简单的定义：就是研究茶的科学。”“茶艺内容的综合表现就是茶文化。”

范增平的茶艺概念范围很广，几乎成了茶文化以至茶学的同义词。

陈香白、陈再舜认为：“茶艺，就是人类种茶、制茶、用茶的方法与程式。”“随着时代之迁移，茶艺‘济用’宗旨不断强化，其内涵也以‘茶’为中心，向外延展而成‘茶艺文化’系列：①茶诗，茶词，茶曲，茶赋，茶铭，茶联；②茶小说，茶散文，茶随笔；③茶书画，茶道具，茶雕塑，茶包装，茶广告；④茶乐，茶歌，茶舞；⑤茶音像，茶文化网络；⑥茶戏剧，茶影视；⑦茶食，茶座；⑧茶馆与茶馆学；⑨茶艺演示。茶艺演示包括种茶演示、制茶演示、品饮演示三大主要门类。”陈香白等的茶艺涵盖种茶、制茶、用茶，其茶艺文化几近茶文化。

王玲认为：“茶艺与茶道精神，是中国茶文化的核心。我们这里所说的‘艺’，是指制茶、烹茶、品茶等艺茶之术。”丁文认为：“茶艺指制茶、烹茶、饮茶的技术，技术达到炉火纯青便成一门艺

术。”林治认为:“‘茶艺’是有形的……包括了种茶、制茶、泡茶、敬茶、品茶等一系列茶事活动中的技巧和技艺。”王玲、丁文、林治关于茶艺的观点基本一致,即茶艺泛指种茶、制茶、烹茶、品茶的技艺。

蔡荣章认为:“‘茶艺’是指饮茶的艺术而言……如果讲究茶叶的品质、冲泡的技艺、茶具的玩赏、品茗的环境以及人际间的关系,那就广泛地深入到‘茶艺’的境界了。”丁以寿认为:“所谓茶艺,是指备器、选水、取火、候汤、习茶的一套技艺。”陈文华认为:“依我之见,所谓广义茶艺中‘研究茶叶生产、制造、经营’等方面,早已形成相当成熟的‘茶叶科学’和‘茶叶贸易学’等学科,有着一整套的严格科学概念,远非‘茶艺’一词所能概括,也无需用‘茶艺’一词去涵盖,正如日本的‘茶道’一词并不涵盖种茶、制茶和售茶等内容一样。因此茶艺应该就蹙专指泡茶的技艺和品茶的艺术而言。”并提出:“应该让茶艺的内涵明确起来,不再和茶道、制茶、售茶等概念混同在一起。它不必去承担‘茶道’的哲学重负,更不必扩大到茶学的范围中,去负担种茶、制茶和售茶的重任,而是专心一意地将泡茶技艺发展为一门艺术。”余悦认为:“茶艺是指泡茶与饮茶的技艺。”蔡荣章、丁以寿、陈文华、余悦都认为茶艺只是饮茶之艺。

当前海峡两岸茶文化界对茶艺理解主要有广义和狭义两种,广义的理解缘于将“茶艺”理解为“茶之艺”,古代如陈师道、张源,当代如胡浩川、范增平、陈香白、王玲、丁文、林治等,主张茶艺包括茶的种植、制造、品饮之艺,有的将其内涵扩大到与茶文化同义,甚至扩大到整个茶学领域;狭义的理解是将“茶艺”理解为“饮茶之艺”,古代如封演、陶谷,当代如蔡荣章、丁以寿、陈文华、余悦等,将茶艺限制在品饮及品饮前的准备——备器、择水、取火、候汤、习茶的范围内,因而种茶、采茶、制茶不在茶艺之列。

三、茶艺定义

中国的茶学教育和学科建设一直处于世界领先地位,全国有十多所高等院校设有茶学本科专业,茶学学科能授予学士、硕士和博士学位,已形成了茶树栽培学、茶树育种学、茶树生态学、制茶学、茶叶生物化学、茶叶商品学、茶叶市场学、茶叶贸易学、茶叶经营管理学、茶叶审评与检验、茶药学等比较成熟、完善的茶学分支学科。上述各茶学分支学科，有着完善的体系和科学的概念，横跨自然科学和社会科学领域，远非“茶艺”所能涵盖。茶艺、茶道以及茶文化应在已有的茶学分支学科之外去另辟新境，开拓新领域，不应与已有的茶学分支学科重复、交叉，更不必去涵盖茶学已有的广泛领域。

茶艺就是饮茶的艺术。茶艺是艺术性的饮茶，是饮茶生活的艺术化。中国茶艺是指中华民族发明创造的具有民族特色的饮茶艺术，主要包括备器、择水、取火、候汤、习茶的一系列程式和技术。

茶艺是综合性的艺术，它与美学、文学、绘画、书法、音乐、陶艺、瓷艺、服装、插花、建筑等相结合构成茶艺文化。茶艺是茶文化的基础，茶艺文化是茶文化的重要组成部分。

四、茶艺的内容

(一)茶艺的分类

我国地域辽阔，民族众多，饮茶的历史悠久，各地的茶风、茶俗、茶艺繁花似锦，美不胜收。对于茶艺的分类目前尚无统一标准，一般可采取以人为主体分类、以茶为主体分类或以表现形式分类等分类方法。

1. 以人为主体分类

以人为主体分类是指以参与茶事活动的人的身份不同进行分类，可分为宫廷茶艺、文士茶艺、民俗茶艺和宗教茶艺四大类型。

(1)宫廷茶艺　宫廷茶艺是我国古代帝王为敬神祭祖或宴赐群臣进行的茶艺。唐代的清明茶宴，唐玄宗与梅妃斗茶，唐德宗时期的东亭茶宴，宋代皇帝游观赐茶、视学赐茶以及清代的千叟茶宴等均可视为宫廷茶艺。宫廷茶艺的特点是场面宏大、礼仪繁琐、气氛庄严、茶具奢华、等级森严且带有政治教化、政治导向等色彩。

(2)文士茶艺　文士茶艺是在历代儒士们品茗斗茶的基础

上发展起来的茶艺。比较有名的有唐代吕温写的三月三茶宴，颜真卿等名士在月下啜茶联句，白居易的湖州茶山境会以及宋代文人在斗茶活动中所用的点茶法、论茶法等。文士茶艺的特点是文化内涵厚重，品茗时注重意境，茶具精巧典雅，表现形式多样，气氛轻松怡悦，常和清谈、赏花、玩月、抚琴、吟诗、联句、鉴赏古董字画等相结合，深得怡情悦心、修身养性之真趣。

(3)民俗茶艺　“千里不同风，百里不同俗”，在长期的茶事实践中，不少地方的老百姓都创造出了有独特韵味的民俗茶艺。如藏族的酥油茶、蒙古族的奶茶、白族的三道茶、畲族的宝塔茶、布朗族的酸茶、土家族的擂茶、维吾尔族的香茶、纳西族的龙虎斗、苗族的油茶、回族的罐罐茶以及傣族的竹筒香茶和拉祜族的烤茶等。民俗茶艺的特点是表现形式多姿多彩，清饮混饮不拘一格，具有极广泛的群众基础。

(4)宗教茶艺　我国的佛教和道教与茶结有深缘，僧人羽士们常以茶礼佛、以茶祭神、以茶助道、以茶待客、以茶修身，形成了多种茶艺形式。目前流传较广的有禅茶茶艺和太极茶艺等。宗教茶艺的特点是特别讲究礼仪，气氛庄严肃穆，茶具古朴典雅，强调修身养性或以茶释道。

2. 以茶为主体分类

以茶为主体分类实质上是茶艺顺茶性的表现。我国的茶分为绿茶、红茶、乌龙茶(青茶)、黄茶、白茶、黑茶等六类，花茶和紧压茶虽然属于再制茶，但在茶艺中也常用。所以以茶为主体来分类，茶艺至少可分为八类。

3. 以表现形式分类

根据茶艺的表现形式可分为表演型茶艺和待客型茶艺两大类。

表演型茶艺是一个或几个茶艺表演者在舞台上演示茶艺技巧，众多的观众在台下欣赏。从严格意义上说，因为在台下的观众中只有少数几名幸运贵宾或许有机会品到茶，其余的绝大多数人根本无法鉴赏到茶的色、香、味、形，更品不到茶韵，这种舞台式的表演称不上完整的茶艺，只能称为茶舞、茶技或泡茶技能的演示。这种表演适用于大型聚会，在推广茶文化、普及和提高泡茶技艺等方面都有良好的作用，同时比较适合表现历史性题材或进行专题艺术化表演，所以仍具有存在的价值。

待客型茶艺是由一个主人与几位嘉宾围桌而坐，一同赏茶、鉴水、闻香、品茗。在场的每一个人都是茶事活动的直接参与者，而非旁观者，每一个人都参加了茶艺美的创作。

（二）茶艺的具体内容

茶艺的具体内容包括技艺、礼法和道三个部分，技艺、礼法属于形式部分，道属于精神部分。

1. 茶叶的基本知识

学习茶艺，首先要了解和掌握茶叶的分类、主要名茶的品质特点和制作工艺以及茶叶的鉴别、贮藏、选购等内容。这是学习茶艺的基础。

2. 茶艺的技术

这是指茶艺的技巧和工艺，包括茶艺术表演的程序、动作要领、讲解的内容，茶叶色、香、味、形的欣赏，茶具的欣赏与收藏等内容。这是茶艺的核心部分。

3. 茶艺的礼仪

这是指服务过程中的礼貌和礼节，包括服务过程中的仪容仪表、迎来送往、互相交流和彼此沟通的要求与技巧等内容。

4. 茶艺的规范

茶艺要真正体现出茶人之间平等互敬的精神，因此对宾客都有规范的要求。作为客人，要以茶人的精神与品质去要求自己，投入地去品赏茶。作为服务者，也要符合待客之道，尤其是茶艺馆，其服务规范是决定服务质量和服务水平的一个重要因素。

5. 悟道

道是指一种修行，一种生活的道路和方向，是人生的哲学。悟道是茶艺的一种最高境界，是通过泡茶与品茶去感悟生活、感悟人生、探寻生命的意义。

第二节　茶艺的历史

茶最初是作食用、药用的，饮用则是后来发展的事。饮茶的起源，至今仍争论未定。清人顾炎武《日知录》称："自秦人取蜀而后，始有茗饮之事。"他推测饮茶始于战国末，虽大体不错，但缺乏直接、有力的证据。西汉饮茶有史可据。西汉王褒《僮约》记有"烹荼尽具""武阳买荼"，尽管对"烹荼尽具"之"荼"是否指茶还有争议，但对"武阳买荼"之"荼"是指茶的意见比较一致。当然，汉代以前，中国只有四川（古巴蜀）一带饮茶，其他地区的饮茶是在汉代以后，由四川传播和在四川的影响下发展起来的。

大体上，中国的饮茶历史已逾两千年。中国古代的饮茶历史大致可划分为四个时期，第一是汉魏六朝，第二是隋唐，第三是五代宋，第四是元明清。各个时期饮茶程序、方法各有特点。

一、汉魏六朝茶艺

汉魏六朝所饮何茶？《僮约》称"烹荼尽具"，《桐君录》记："巴东别有真香茗，煎饮令人不眠。"晋郭璞《尔雅》注说："树小如栀子，冬生，叶可煮作羹饮。"

煎茶，当如煎药，入水煮熬。煮茶，或入冷水煮熬，或入冷水煮至沸腾，或入开水煮至百沸。烹茶则是煮茶、煎茶的统称，三者义近往往被混用。

唐皮日休《茶中杂咏》序说："自周以降及于国朝茶事，竟陵子陆季疵言之详矣。然季疵以前称茗饮者，必浑而烹之，与夫瀹茶而啜者无异也。"茗饮即是用茶树生叶煮成羹汤。

汉魏六朝的饮茶法，诚如皮日休所言，"浑而烹之"，煮成浓厚的羹汤而饮。那时还没有专门的煮茶、饮茶器具，往往是在鼎、釜中煮茶，用食碗饮茶。

二、唐代茶艺

中国是茶的故乡，也是茶艺的故乡。中国茶艺的定型和完备是在唐代。陆羽在前人煮茶法技艺的基础上创造了煎茶法，设计了26种烹饮的器具，并大力推行。这种品茶方式，既可让人领略到茶的天然特性，整个煎茶过程也极为赏心悦目，日常的饮茶行为最终升华为一种美好的艺术享受。

煎茶法茶艺有备茶、备水、取火、煮茶、分茶、品茶、洁具七个程序。

1. 备茶

先将茶饼在文火上烤炙，称炙茶。在烘烤的过程中，要求茶饼受热均匀，内外烤透，至不再冒湿气，散发清香为止。烤好的饼茶以纸囊储之，然后用碾茶器碾成细小的粉末，放入茶盒备用。

2. 备水

《茶经》中记载："其水，用山水上，江水中，井水唐代越窑茶碗下。"取水后用漉水囊过滤，去掉沉淀杂质。

3. 取火

燃料以硬木炭为佳，或者是无异味的干枯树枝，投入风炉中点燃，开始煮茶。

4. 煮茶

包括烧水和煮茶。当水沸腾，冒出细小水泡时，称为一沸，先放入少量盐进去调味。当水烧到锅边如涌泉连珠时，称为二沸，舀出一瓢滚水，以备三沸茶沫要溢出时止沸用。然后将茶末按与水量相应的比例投入沸水中。当水势若波涛汹涌时，称为三沸，这时将先前舀出来的热水倒下去，这样能保持水面上的茶花不被溅出，当水再烧开时，茶香满室。

5. 分茶

最好的茶汤是煮出的第一、二、三碗，在分茶时每碗中沫饽要均匀，以保持各碗茶味相同。

6. 品茶

品茶时一定要趁热喝，因为刚煮好的茶汤鲜美馨香，十分可口。

7. 洁具

茶饮结束后，要及时将用过的茶器清洁干净，以备再用。

煎茶法是中国最先形成的茶艺形式，鼎盛于中晚唐，经五代、北宋，至南宋而亡，历时约 500 年。

三、宋代茶艺

宋代茶艺盛行点茶法，是在唐代茶艺基础上发展而成的。约始于唐末，从五代到北宋，越来越盛行，至北宋后期而成熟。宋代茶艺，既注重如何制成一杯好茶，也追求点茶过程的美感，具有审美性、游戏性。点茶法在民间常用于斗茶中。“斗茶”是品评茶叶质量高低和比试点茶技艺高低的一种茶艺。这种比赛，讲究茶叶的名贵、茶器的精美、茶汤的醇厚和所击汤花的形态，点好的茶汤以“色白，沫细，久而不散”者为赢(图 3-1)。

图 3-1　宋代《斗茶图》

来源：李默. 我的第一本中国通史. 宋辽金史[M]. 广州：广东旅游出版社，2014.

宋代是茶文化深入发展的时期，也是我国茶艺进一步完善和升华的时期。

点茶法茶艺包括备器、备茶、选水、取火、候汤、烫盏、点茶七个程序。

1. 备器

主要茶器有：茶炉、汤瓶、砧椎、茶铃、茶碾、茶磨、茶罗、茶匙、茶筅、茶盏等。宋代茶艺十分注重茶器，最受宋人青睐的茶具是产自建安的黑釉茶盏，最能衬托出乳白汤花之美。

2. 备茶

将饼茶用炭火烤干水汽，然后用茶碾将茶饼碾碎成粉末，再用茶罗细细筛，得茶粉待用。

3. 选水

宋人选水承继唐人观点，即“山水上、江水中、井水下”。

4. 取火

宋人取火方式基本同唐人。

5. 候汤

候汤是掌握点茶用水的沸滚程度。候汤最难，未熟则沫浮，过熟则茶沉。这也是决定点茶成败的关键。

6. 烫盏

在点茶之前，先用沸水冲洗杯盏，预热茶具。

7. 点茶

将适量的茶粉放入茶盏中，注入少量沸水调成糊状，然后再添加沸水，边添加水边用茶筅反复击打，使之产生汤花，尽可能使乳白色的汤花能较长时间凝驻在茶盏内壁。

点茶法鼎盛于北宋后期至明朝前期，亡于明朝后期，历时约600年。

四、明清茶艺

明清茶艺比前代茶艺要精简随意，却有着更为深厚的文化

底蕴。在明朝前期,煎点法仍是主流,直到明末清初,泡茶法才成为品茶的主要方式。明清茶艺摒弃前代的繁琐程序,以散茶冲泡,追求茶本身的自然香味,重在品味茶汤的醇厚绵长。明代茶艺最重要的贡献,就是泡茶法的定型与发展,直到现在,人们还在普遍使用这种简便易学的散茶冲泡法。

泡茶法茶艺包括备茶、备器、选水、取火、候汤、投茶 6 个程序。

1. 备茶

选用条形散茶,重视茶的色、香、味。

2. 备器

泡茶法茶艺的主要器具有茶炉、汤壶(茶铫)、茶壶、品茗杯等。茶壶以陶为贵,又以宜兴紫砂为最。品茗杯以青花瓷器为主,外壁有花纹,内壁洁白,能很好地反映茶汤的色泽。

3. 选水

明清茶人对水的讲究比唐宋有过之而无不及,如明代徐献忠著的《水品》等,讲究到不同类别的茶配不同的水。

4. 取火

火要活火,木炭为上,次用劲薪。

5. 候汤

候汤是重点,按水沸的程度可分成:"一沸水",即水沸腾前,一串细小的水泡从壶底涌起,如虾须的轻轻触动,故称"虾须水";"二沸水",是指水即将沸腾,几串如鱼目大而圆的水泡不断涌动,亦称"鱼目水";"三沸水",指水已全沸,水波翻腾涌动,如秋风过松林发出飒飒声响,故也称"松涛水"。当"二沸水"将转到"三沸水",水珠涌动时,水质新鲜,含氧量足,温度最适合泡茶。

6. 投茶

投茶有序。先茶后汤,称为下投;汤半下茶,称为中投;先汤后茶,称为上投。不同嫩度的茶叶用不同投法,不同季节亦用不同投法。泡茶法酝酿于明朝前期，正式形成在16世纪末叶的明朝后期，鼎盛于明朝后期至清朝前中期，绵延至今。

五、近代茶艺

近代茶艺指从清朝康熙中期起，至中华民国三十八年止(1689—1949)，长达259年之久。

这个时期的茶文化特色之一是朝廷酷茗茶，清朝入主中原后，对汉人文化甚为留意，茗饮也是汉人文化的一环，清代君主多有好者。由于在上位所好，因此特色之二是民间社会亦盛行茶礼俗，茶馆兴隆，遍行各地。特色之三是茶叶贸易鼎盛，茶叶传入英国后，造成各阶层饮茶的习惯，英国本身并不产茶，只好向中国购买。19世纪初期，中国输出品中已有六成是茶叶。

同时，半发酵茶在此时崛起。半发酵茶的出现使茶叶种类逐渐增多、丰富，并将中国饮茶文化从旧式制茶所不能展示的色香味中带入另一个新的境界。近代茶与明代茶最大的差异是制茶的发酵方法，近代茶分绿茶与红茶，绿茶和明代制法完全相同，但红茶则有相当程度的发酵。

近代饮茶方式主要有三种：第一种是盖碗式，乃近代饮茶最主要的方式，上至朝廷、官府，下至民间，都以盖碗饮茶，清朝康熙年间画家冷枚的赏月图，最足以代表这种茗饮方式；第二种是茶娘式，自古以来民间最主要的饮茶方式，即以大茶壶冲泡分饮，乾隆年间画家丁观鹏所绘的《太平春市图》最能表示此种饮茶方式；第三种饮茶法则是功夫茶法，主要流行于闽南广东地区。这种饮茶法是从唐代陆羽茶经中演变而来，饮茶时先将泉水贮藏于茶壶之中，放置烘炉上面煮水，等到水初沸，把武夷岩茶投入宜兴壶之中，用水冲之，盖好盖子，再用热水浇壶身，然后倒出来品饮。

由此可以看出，中国的饮茶法共有两大类四小类，两大类是煮茶法和泡茶法。自汉唐饮茶以煮茶法为主，自五代至清饮茶以泡茶法为主。四小类是从煮茶法中分解出煎茶法，从泡茶法中分解出点茶法。煮、煎、点、泡四类饮茶法各擅风流，汉魏六朝

尚煮茶法，隋唐尚煎茶法，五代、宋尚点茶法，元明清尚泡茶法。

六、当代茶艺

“茶艺”一词最早出现在 20 世纪 70 年代的中国台湾地区，被广泛应用至今。“茶”与“艺”的相连，主要表现在无论制茶、冲茶、饮茶，还是与茶相关的音乐、服饰、书画、篆刻、环境、氛围等，都带有浓厚的艺术气息。茶不仅是物质消耗用品，更是精神替代物。

喝茶是一门学问，也是一种艺术。到了 20 世纪 80 年代，表演性茶艺进入一个新的发展时期。改革开放后，随着海峡两岸之间交流的增加，已复苏的港台茶事也涌了进来。1989 年 9 月，在北京举办“茶与文化展示周”，茶文化的研究重新成了热点。同时，各地纷纷举办茶文化节，国际茶会和学术讨论会也经常开展。茶书、茶画、茶艺表演越来越受人喜爱，茶业经济效益惊人，越来越多的人从事与茶相关的工作。中国茶重新走上世界舞台，成了世人关注的焦点。

影响最大的当代茶艺是流行于广东、福建和台湾地区的工夫茶，主要程序有治壶、投茶、出浴、淋壶、烫杯、酾茶、品茶等。

第三节　茶艺的流派

因文化背景、地域特征、生活习惯各异，形成了不同的饮茶风格，从而有了不同类型的茶艺。按茶艺表现形式及对象不同，可分如下几类：宫廷茶艺，重在“茶之品”，讲究排场盛大、奢华享受，意在炫耀权力；文士茶艺，重在“茶之韵”，意在鉴赏艺术，追求雅致情趣；宗教茶艺，重在“茶之德”，意在参禅悟道，见性成佛；民间茶艺，重在“茶之趣”，虽淳朴平淡，却在随意中品味着日常的生活哲理。茶艺流派的不同，其作用和影响也都不一样，品茶观念也其趣各异。

一、宫廷茶艺

茶列为贡品的记载最早见于晋代常璩著的《华阳国志·巴志》。公元前1135年,周武王联合当时居住川、陕一带的庸、蜀、羡苗、微、卢、彭、消几个方国共同伐纣,凯旋而归。此后,巴蜀之地所产的茶叶便正式列为朝廷贡品。自此,历朝历代都沿用贡茶制度。贡茶制度确立了茶叶的"国饮地位",也确立了中国是世界产茶大国、饮茶大国的地位,从客观上讲,是抬高了茶叶作为饮品的身价,推动了茶叶生产的大力发展,刺激了茶叶的科学研究,形成了一大批历史名茶。

宫廷饮茶具有富丽堂皇、豪华奢侈的特点,讲究茶叶的绝品、茶具的名贵、泉水的珍御,以及场所的豪华、服侍的惬意,追求豪华贵重到极致。自唐宋以来,饮茶成为宫廷日常生活的内容。中国历代皇帝大都爱茶,有的嗜茶如命,有的好取茶名,有的专为茶叶著书立说,有的还给进贡名茶之人加官晋爵。

宋徽宗赵佶不仅爱茶,还研究茶学,写了一部《大观茶论》,从茶叶的栽培、采制到鉴品,从烹茶的水、具、火到品茶的色、香、味,都一一记述。康熙皇帝下江南时,巡游到江苏,当地官员敬献当地名茶"吓煞人香"。皇上觉得此茶名很俗,因"此茶出自碧螺峰,茶色泽绿如碧,茶形卷如螺,又只在早春采摘",遂命名为"碧螺春"。从此之后,此茶声名大振。

帝王在享受极品名茶时,也不忘赐茶于群臣,得到这些赐茶,臣子无不视之为莫大的荣耀。由于帝王对茶的嗜好,对茶叶质量的要求越来越高,官员们为了邀功求赏,也亲自监督茶叶的制作,务求精益求精,这在客观上促进了茶叶生产的良性循环,不经意间推动了中国茶文化的发展。

在喜庆节日,宫廷还要举行排场宏大的茶宴,君臣共聚一堂。后宫嫔妃宫女也有饮茶的习惯,对饮茶也十分讲究,不光注重茶叶的质量、茶具的精美,也注重饮茶的乐趣、心境及美容养生之道。有些嫔妃的茶艺十分精湛,还善于斗茶,有时候还举办茶会,大家在一起品茗赋诗。

(一)备茶

1. 茶品

在所有的茶艺类别中,宫廷茶艺所用的茶品应当是等级最高的。我国历代都有许多贡茶,现在这些贡茶也还是名优茶品,可用来作宫廷茶艺的用茶。

2. 水品

宫廷茶艺的用水也应体现出其特有的气派,清代的宫廷里饮茶用的是北京玉泉山上的泉水,它被乾隆帝评为天下第一泉。现代茶艺中的宫廷茶艺用水与其他的茶艺形式差不多。

(二)备具

宫廷茶艺的茶具要有高贵典雅的气派。明代的景泰蓝茶具、成化窑茶具、清代的贡品紫砂具,甚至金银茶具等,在宫廷茶艺中都有应用。在色调上,以明黄为主色调。一些表演型的宫廷茶艺安排了皇帝与大臣两类不同的茶具,皇帝用九龙三才杯(盖碗),大臣用景德镇粉彩描金三才杯。除了盖碗外,还有小茶匙、锡茶罐、精瓷小碗、托盘、炭火炉、陶水壶等。

(三)仪表

茶艺师要穿上相关朝代的服饰,如果表演的是清代宫廷茶艺,女茶艺师一定要穿上清代的旗袍,梳着清代宫廷女子的发式,戴着清代宫廷的头饰。走路的姿势当然也要如清宫女子走路的样子。皇家一向都是规矩森严的,所以茶艺师的动作应大方而庄重。

(四)环境

宫廷茶艺的环境一般应选在一些王宫贵族的府第中,但这样的环境不常有。其他的环境也可以,要尽量选择一些富丽堂皇的场所。如果是在户外进行这样的活动,可以用红、黄色的材料进行一番装饰。

(五)程序

目前的宫廷茶艺种类较多,有唐宫廷茶艺、三清茶茶艺、太子茶茶艺、太后三道茶茶艺等，它们的程序也不太一样。其中的三清茶茶艺是根据乾隆帝《三清茶联句》诗开发出来的，林治先生的《中国茶艺》对其做了详细的介绍，最接近清代宫廷饮茶生活的原型，这里就将其作为宫廷茶茶艺的代表，根据林治先生在《中国茶艺》中的略作改动，介绍如下：

1. 调茶

由宫女打扮的茶艺师来为客人烹茶。三清茶是以乾隆帝最爱喝的狮峰龙井为主料，佐以梅花、松子仁和佛手。茶艺师将佛手切成细丝，投入细瓷壶中，冲入沸水至1/3壶时停5 min，再投入龙井茶，然后冲水至满壶。与此同时，另一位茶艺师用银匙将松子仁、梅花分到各个盖碗中。最后把泡好的佛手、龙井冲入各杯中。

2. 敬茶

茶艺师调好茶后，由太监打扮的服务人员把皇帝专用的九龙杯放入托盘中，以跪姿奉茶给“皇帝”。

3. 赐茶

当“皇帝”接过所奉的香茗之后，自己先饮上一小口，然后宣喻宫女赐茶。宫女再把其他的茶碗奉给“大臣”。

4. 品茶

品饮三清茶主要不是祈求“五福齐享”“福寿双全”，而是要从茶的清香中去领悟“清廉”二字。这是三清茶最重要的含义。

二、文士茶艺

文士茶艺是后人在历代文人雅士饮茶习惯的基础上加工整理而形成的。中国历代文士和茶有着不解之缘，没有文士便不可能形成以品为上的饮茶艺术，品茶不可能实现从物质享受到精神愉悦的飞跃，也不可能有中国茶文化的博大精深。文士们对饮茶颇为讲究，既要求环境优雅、茶具清雅，更讲究饮茶之意境，这些都体现在许多与茶相关的诗、文、画中。历代文士的品饮艺术，核心是从品茗中获得修身养性、陶冶情操的作用，所以

说文士们的雅兴志趣是中国茶艺中最有韵味的一章。

饮茶可激发灵感，促神思，助诗兴。文士们以茶为伴，以茶入诗，以茶助画，书写了最有文化意味的茶的篇章。白居易是唐朝著名诗人，对于茶，他不仅爱饮，而且善别茶之好坏，故朋友们戏称他为“别茶人”，可见他深得饮茶的妙趣。白居易的茶艺精湛，鉴茗、品水、观火、择器均有高人一等的见地：“起尝一碗茗，行读一行书”“琴里知闻唯渌水，茶叶故旧是蒙山”“或饮茶一盏，或吟诗一章”，从诗中可见他酷爱品茶且精研茶艺，对茶叶的鉴赏力高，讲究饮茶的境界。以茶助画：从博物馆收藏品可以看出，初唐时已有表现茶事的绘画作品，对研究当时的饮茶文化有很高的价值；以茶助书法：“正是欲书三五偈，煮茶香过竹林西”（释得祥）；以茶伴书：茶香，书香，阅一卷古书，饮一杯清茶，实为兴味盎然之举，若有知音在身边，更是人生一大乐事；以茶助琴：“煮茗对清话，弄琴知好音”（洪适）……品茗成为融汇各种雅事的综合性文化活动，这些充满艺术的雅事，和茶的清逸内质是相通的，两者的结合和相互转化，共同谱写了中国茶文化的乐章。

（一）备茶

1. 茶品

在《图说中国茶艺》一书中，文士茶艺选用的是花茶，而在许多爱喝茶的高端茶客来看，绿茶更符合他们的口味。当然花茶也有它们固定的消费者，尤其是在中国北方，饮用花茶是很普遍的。现在乌龙茶、普洱茶在很多地方都流行，文士茶中也可以泡乌龙茶。

2. 水品

自陆羽以后，文人雅士多爱评水，因此，用来煮茶的水也以优质泉水为佳。其他如雨水、雪水、冰水也好。如果好水难得，可用纯净水替代。

（二）备具

茶具要与所泡的茶叶相配，泡绿茶和花茶时可以选用清雅的青花瓷盖碗、瓷壶、茶海，泡乌龙茶一般选用紫砂茶具，也可以选用白瓷茶具。茶则、茶匙等可选用竹木材质的。还要准备一块洁白的茶巾。

除茶具外，还要准备一些装饰物，一个花瓶、一个香炉、一张古琴。花瓶中插一枝素净的花，香炉中燃一枝淡雅的香，如果有一个抚琴的人，茶的意境会更加动人。文士茶的乐曲以清幽平和为好，不要大悲大喜的，传统的古琴曲大多是这一类的。墙上还要有一幅字画，内容一般要与茶的意境契合。

（三）仪表

茶艺师的服饰以素雅为好，不要着浓妆。根据环境气氛的不同，女茶艺师可以穿罗裙、旗袍，男茶艺师可以穿长衫，也可以穿衬衫，打领带。不管在什么样的季节，都不宜穿太暴露的衣服。服装的色调要与茶具及室内环境的基调协调。不要戴金银首饰，但女茶艺师可以在手腕上戴一个玉镯。

茶艺师的举止要大方得体，由于是文士茶，所以最好显得有朽卷气。女茶艺师要表现得温婉轻灵，男茶艺师则要在温文尔雅中带一些阳刚之气。

（四）环境

文士茶的环境要清雅脱俗，但也要有些烟火气，过于静寂或过于奢华都不是文士茶的气氛。因此，文士茶的环境以园林、书斋等环境为好。时间上也有讲究，晨练之后，赏月之时，或者雨微花润，或者雪映梅红，都是品茶的好时光。如若盛夏午后，暑热炎炎；或者窗外正是暴风骤雨，或者人声鼎沸，都不是文士茶的最佳环境。

（五）程序

程序包括：布置场地、迎宾、入场、泡茶、奉茶、谢客等。

1. 布置场地

文士茶艺的场地可以在室内，也可以在室外。室内场地首先需要一个可容纳 10 人左右的空间，这个房间最好是有两个门，一个是宾客的入口，一个是通向准备室的门，茶艺师由此进出。室内要有一堂屏风，一张茶艺桌。茶桌多为长方形的，也可

用正方形的小八仙桌。桌上放一只小香炉，一瓶小型插花。在室内适合的地方，挂上一幅字画。如果没有弹琴，可以把古琴放在屏风的一侧，如果有人弹琴，可以将琴放在屏风的后面。室外场地的布置中屏风是很重要的装饰，是茶艺的背景，但如果自然背景较好，也可不用屏风。室外有风时，瓶花容易倒，应选择较为敦实的花瓶。由于是开放的空间，香炉就变得可有可无了。

2.迎宾

负责迎宾的一般是茶会的主持人。在茶会上，主持人与主泡茶艺师一般不会是同一个人，但如果程序简单的话，也可由同一个兼任。迎宾者站在茶室的门口，如果是室外场，也可以站在茶桌的边上，在小型的庭园中举行茶会，迎宾者应在庭园的入口处迎接客人。

3.入场

一般来说，宾客的到来不会是在同一时间，但茶会必须等宾客到齐之后才开，所以，宾客入场后，主持人要准备一些话题让客人们打发茶会开始前的时间。在室内，可以让大家品评书画与插花，也可为围棋爱好者备好棋具；在室外，则可以引导大家欣赏风景。待所有宾客到齐后，引导大家入座，茶艺师出场向大家致意。主持人向大家介绍茶会的背景、茶艺师、茶具、茶叶、茶食等。琴师开始抚琴。

4.泡茶

茶艺师入场后，首先在洗手盆中象征性地洗手，然后，由副茶艺师协助主茶艺师将茶案在桌上摆好。室外场中，茶案可以事先摆好。茶案放好后，主泡开始煮水，用煮沸的水来温壶净具，再根据茶的品种要求开始泡茶。

在茶艺师泡茶的同时，主持人将茶点给客人奉上，请大家品尝。此时可以适当介绍一下饮茶以及品尝茶点的一些知识。

5.奉茶

主茶艺师将茶泡好，分入杯中，然后副茶艺师将茶用茶盘端送到每一位宾客面前。为示意茶会平等，主泡一般要为自己留下一杯,这也是为初次参加茶会的客人示范品茶的步骤与动作。宾客们接到茶后,按主持人所介绍的品饮要求来欣赏一杯茶的色、香、味,饮完杯中茶后,再欣赏茶具。宾客相互间可以轻声地交流,也可与茶艺师进行交流。

6. 谢客

第一杯饮完之后,通常可以为客人续杯一至两次,因为一般的绿茶与花茶要泡三次左右味才会变淡,而乌龙茶第二泡味道才出来,可以冲泡四次以上。

客人喝完茶后,副茶艺师将茶具收回,主副茶艺师在主持人的带领下一起向宾客们答谢,然后茶艺师退场,茶具也一同端离茶室。主持人则将客人们送出茶室。如在室外,主持人也可以目送宾客离开。

三、佛道茶艺

在前面的章节中曾提到宗教与茶艺的互动影响,主要是从精神的角度来解说的。宗教与茶艺的关系并非仅停留在精神层面上,还形成了宗教味较为浓厚的佛道茶艺。一开始,茶主要是作为佛道人士的日常生活用品而存在的,渐渐地,发展成为宗教仪式中的重要道具,茶艺也成为宗教活动中的一个重要内容。隋唐以后传到日本的茶道,就是以宗教哲学为理论支撑,南宋时,径山寺的茶宴传到日本,更是成为日本茶道的直接源头。

现代茶艺中的禅茶与道茶是20世纪国内茶文化复兴热潮的产物,其中的禅茶尤其受到现代茶人们的推崇。但是从宗教的角度来说,现代的禅茶表演已经完全成为一种形式,所谓"茶禅一味"的意境已经很难寻觅了。

(一)备茶

1. 茶品

寺院周围一般都会种有供佛的茶叶,称为佛茶。如古代的名茶径山茶、蒙顶茶、普沱茶等。这些茶叶在贡佛之余,僧人们

也会拿来自用与招待施主。道观的情况与寺院差不多。禅茶或道茶所用的茶叶以自产最佳，用其他的茶叶也可以。

2. 水品

禅茶及道茶用水与前面的文士茶的要求一样。

(二)备具

佛道茶具(图 3-2)要体现出宗教的玄思，一般来说，不应使用鲜艳的或是华丽的茶具，所有的器具要表现出一种质朴的美。器具的种类与其他茶艺相似，煮水用炭炉铜壶。有一样是不可缺少的，如香炉、檀香木以及一些法器等。法器的使用不宜多，以免冲淡茶的意境。

图 3-2　现代禅茶表演时所用的主要茶具

来源：周爱东，郭雅敏. 茶艺赏析[M]. 北京：中国纺织出版社，2008.

(三)仪表

现代茶艺中的佛道茶艺大多是由专业的茶艺师来演示操作的，茶会的主持人也很少是宗教界人士，因此，传统禅茶道茶的意境很难体现出来。但在仪表上，茶艺师们还是要尽量地体现那样的气氛的。首先，要准备一套僧、道的衣、帽、鞋，以及念珠、拂尘等;其次,动作要显得庄重,这种庄重不是指动作缓慢,而是来自内心的虚明澄静和表情的全神贯注,动作不宜夸张,不要过多的装饰性动作;最后,要有一些宗教的手法、举止贯穿于整个过程,如佛教中的手印。《红楼梦》里,妙玉在栊翠庵招待贾母等人喝茶的描写是清代禅茶的一个简化版。

(四)环境

音乐是佛道茶艺气氛渲染的一个重要手段,可以选用一些梵呗、诵经的音乐,也可用现代人创作的表现宗教意境的音乐,另外,一些表达幽静意境的古琴、古筝曲也可用,如《茶禅一味》《云水禅心》等。

场所是佛道茶艺气氛的重要因素。一般来说,在寺院和道观中举行佛道茶会是再理想不过了。寻常的环境也可以举行佛道茶会,但需要做一些场地的设计与布置。场地可以选在竹林、松林、草地这些让人觉得疏朗的地方。如果在林中,可以不用再布置什么,如果是草地或室内的场所,香炉、禅旗一般是少不了的。

(五)程序

明朝初年,礼部会同拟定佛道二教的仪式,令全国僧道遵行。作为宗教仪式的一个组成部分,佛道茶艺在程序上应该是基本相似的。下面以禅茶为例,介绍佛道茶艺的程序。中国茶叶博物馆研创的禅茶表演分为四个部分:上供、手印、冲泡、奉茶。其实,这样的茶艺称为佛茶更准确一些,因为手印是密宗的修行形式,禅宗是没有的。上供是宗教仪式中极其庄严的过程,在禅茶中,为了突出茶的意境,突出了上供时的焚香礼拜,删去了一些繁琐的佛事程序。

1. 场地布置

一张茶艺桌,上铺黄色台布,桌后一张方凳,后面放一堂屏风,屏风后是茶会的准备间,屏风上悬挂一幅禅旗。

茶艺

2. 供香手印

茶艺师着僧袍出场，向来宾合掌行礼。落座后，音乐响起，主泡茶艺师开始做手印。在中国茶叶博物馆研创的禅茶中，供香之间要先做三遍手印，然后将檀香木、香粉、香炉端上桌，主泡再做供香手印，撒香粉。图 3-3 为单手手印，图 3-4 为双手手印。

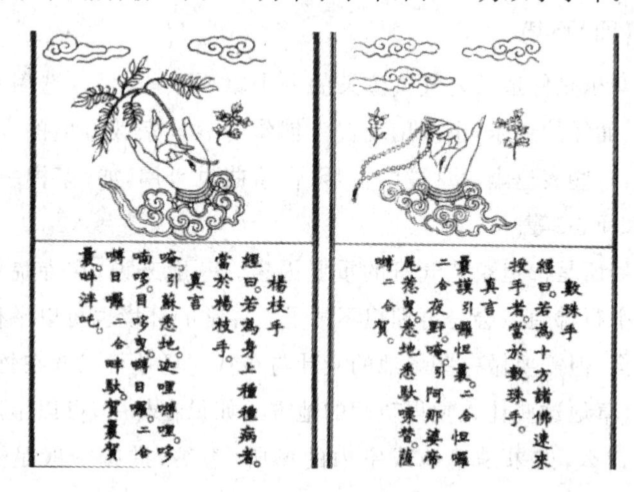

图 3-3　单手手印

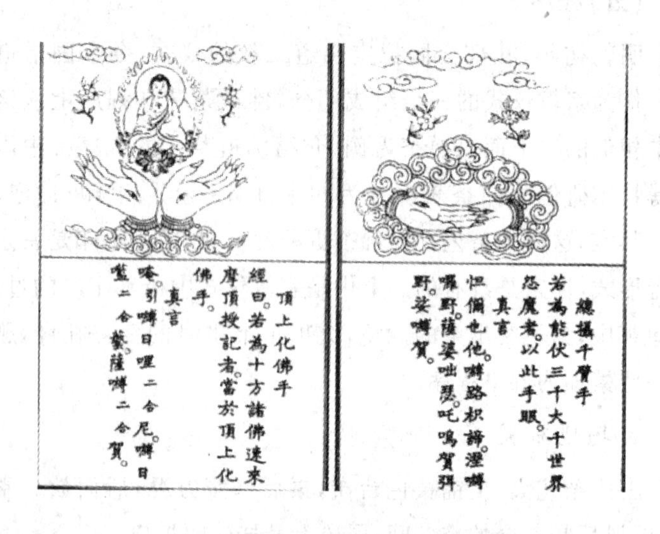

图 3-4　双手手印

来源：周爱东，郭雅敏. 茶艺赏析[M]. 北京：中国纺织出版社，2008.

3. 备具

副茶艺师将竹篮、茶海、茶盒、茶巾、茶壶、火炉、净具等用品端上场，交给主茶艺师。茶海、茶盘、茶碗等摆在桌上，煮水的火炉与茶壶放在主泡右侧的地上。摆好茶案后，主泡茶艺师洗手，然后再用茶巾擦净茶盘。

4. 煮茶

禅茶用的是唐代的煮茶法，但没有唐朝茶艺中碾茶的程序，直接用叶茶。将茶叶用白纱巾包起，用黄丝带扎好，放入铜茶壶中去煮。前面说过，禅茶所用的茶叶多为优质的绿茶，因此，煮的时间不宜长，用前人三沸水的理论来煮茶应该是恰到好处的。在煮茶的时候，茶艺师入定片刻，用沸水涤器，将清洁后的茶盏放入茶盘中。

5. 奉茶

入定片刻后，将煮好的茶分入茶碗中。左副泡端起茶盘，与右副泡一起给来宾敬茶。右副泡奉茶后，双手合十行礼。待茶送到每一位客人面前后，主泡茶艺师双手捧茶碗，向来宾致意、敬茶。

6. 收具谢客

茶会结束时，两位副泡茶艺师出场，收起茶具，然后与主泡一起向来宾合掌行礼，退场。

四、民俗茶艺

“开门七件事，柴米油盐酱醋茶”，茶是日常居家生活中的一部分。家居饮茶，淳朴自在、随心所欲，老百姓们在日常饮茶中不仅品味着茶的清香滋味，也品味着生活的甘甜滋味。饮茶真正的生命源于民间，并根植于民间。特别是茶叶生产区或传统饮茶区，是茶的故乡，有茶的氛围、茶的修养，浓厚的茶俗氛围是别处所不及的。如回族的“盖碗茶”、傣族的“竹筒茶”、白族的

“三道茶”等,都展示了我国各民族多姿多彩的饮茶艺术,亦是当地民俗文化的缩影。

热情好客是我国人民的美德,在我国许多地区,有宾客来访时,都有以茶敬客的礼节。热气腾腾的香茶,佐以各种特色茶点,大家聚在一起,叙旧聊家常,热闹非凡,其乐融融。在潮汕地区,把茶叶称为“茶米”,将茶和米一样看待,是生活中不可缺少的物品,可见茶在他们心中的重要程度。

1. 藏族酥油茶

藏族主要分布在我国西藏地区,在云南、四川、青海、甘肃等省的部分地区也有分布。这里地势高亢,有“世界屋脊”之称,因为该地区空气稀薄,气候高寒干旱,故藏民以放牧或种旱地作物为生,当地蔬菜瓜果很少,常年以奶、肉、糌粑为主食。“其腥肉之食,非茶不消;青稞之热,非茶不解”,茶成了当地人们补充营养的主要来源,喝酥油茶如同吃饭一样重要。

酥油茶是一种在茶汤中加入酥油等佐料经特殊方法加工而成的茶汤。所谓酥油,是把牛奶或羊奶煮沸,经搅拌冷却后凝结在奶液表面的一层脂肪。茶叶一般选用紧压茶中的普洱茶或金尖。制作时,先将紧压茶打碎加水在壶中煎煮 20~30 min,再滤去茶渣,把茶汤注入长圆形的打茶筒内,同时加入适量酥油,还可根据需要加入事先已炒熟、捣碎的核桃仁、花生米、芝麻粉、松子仁之类,最后还应放上少量的食盐、鸡蛋等。接着,用木杵在圆筒内上下抽打,根据藏族经验,当抽打时打茶筒内发出的声音由“咣当、咣当”转为“嚓、嚓”时,表明茶汤和佐料已混为一体,酥油茶才算打好了,随即将酥油茶倒入茶瓶待喝。

由于酥油茶是一种以茶为主料,并加有多种食料经混合而成的液体饮料,所以其滋味多样,喝起来咸里透香,甘中有甜,既可以暖身御寒,又能补充营养。在西藏草原或高原地带,人烟稀少,家中少有客人进门,偶尔有客来访,可招待的东西很少,加上酥油茶的独特作用,因此,酥油茶便成了藏族同胞款待宾客的珍贵饮品。

由于藏族同胞大多信奉藏传佛教，当喇嘛祭祀时，虔诚的教徒要敬茶，富庶的教徒要施茶，他们认为这是积德行善之举。所以，在西藏的一些大喇嘛寺里多备有一口特大的茶锅，通常可容茶数担，遇上节日，向信徒施茶，算是佛门的一种施舍，这种习俗至今仍随处可见。

2. 维吾尔族香茶

维吾尔族主要居住在新疆天山以南，他们主要从事农业劳动，多面食，最常见的是食用小麦面粉烤制的馕，色泽金黄，又香又脆，形若圆饼。进食时，他们喜欢将其与香茶伴食，平日也爱喝香茶，因为香茶有养胃提神的作用，是一种营养价值极高的饮料。

南疆维吾尔族煮香茶时，使用铜制的长颈茶壶，也有用陶质、搪瓷或铝制长颈壶的，而喝茶用的是小茶碗，这与北疆维吾尔族煮奶茶使用的茶具不同。制作香茶时，通常应先将茯砖茶敲碎成小块状，同时，在长颈壶内加水至七八分满加热，当水刚沸腾时，抓一把碎块砖茶放入壶中，当水再次沸腾约 5 min 时，则将预先准备好的适量姜、桂皮、胡椒等细末香料放进煮沸的茶水中，轻轻搅拌，经 3～5 min 即最后完成。为防止倒茶时茶渣、香料混入茶汤，在煮茶的长颈壶上往往套有一个过滤网，以免茶汤中带渣。

南疆维吾尔族老乡喝香茶，习惯于一日三次，与早、中、晚三餐同时进行，通常是一边吃馕，一边喝茶。这种饮茶方式，与其把它看成是一种解渴的饮料，还不如把它说成是一种佐食的汤料，实为一种以茶代汤，以茶代菜之举。

3. 回族刮碗子茶

回族主要分布在我国的大西北，以宁夏、青海、甘肃三省（区）最为集中。回族多居住在高原沙漠，气候干旱寒冷，蔬菜缺乏，主食以牛羊肉、奶制品为主。而茶叶中存在的大量维生素和

多酚类物质，不但可以补充蔬菜供应的不足，而且还有助于去油除腻，帮助消化。所以，自古以来，茶一直是回族同胞的主要生活必需品。

回族饮茶，方式多样，其中有代表性的是喝刮碗子茶。刮碗子茶用的茶具俗称“三件套”，由茶碗、碗盖和碗托或盘组成。茶碗盛茶，碗盖保香，碗托防烫。喝茶时，一手提托，一手握盖，并用盖顺碗口由里向外刮几下，这样一则可刮去浮在茶汤表面的泡沫，二则可使茶味与添加食物交相融合，刮碗子茶的名称也由此而生。

冲泡刮碗子茶多用普通炒青绿茶，还放有冰糖与多种干果，诸如苹果干、葡萄干、柿饼、桃干、红枣干、桂圆干、枸杞子等，有的还要加上白菊花、芝麻之类，通常多达八种，故也有人美其名曰“八宝茶”。由于刮碗子茶中食品种类较多，加之各种配料在茶汤中的浸出速度不同，因此，每次续水后喝起来的滋味是不一样的。一般说来，刮碗子茶用沸水冲泡，随即加盖，经 5 min 后开饮，第一泡以茶的滋味为主，主要是清香甘醇；第二泡因糖的作用，就有浓甜透香之感；从第三泡开始，茶的滋味开始变淡，各种干果的味道就应运而生，具体依所添加的干果而定。大体说来，一杯刮碗子茶，能冲泡 5～6 次，甚至更多。

回族同胞认为，喝刮碗子茶次次有味，且次次不同，既能去腻生津，又能滋补强身，是一种甜美的养生茶。

4. 蒙古族咸奶茶

蒙古族主要居住在内蒙古及其边缘的一些省区，喝咸奶茶是蒙古族人们的传统饮茶习俗。在牧区，他们习惯于“一日三餐茶”，相反往往却是“一日一顿饭”。每日清晨，主妇第一件事就是先煮一锅咸奶茶，供全家整天享用。蒙古族喜欢喝热茶，早上，他们一边喝茶，一边吃炒米。将剩余的茶放在微火上暖着，供随时取饮。通常一家人只在晚上放牧回家时才正式用餐一次，但早、中、晚三次喝咸奶茶一般是不可缺少的。

蒙古族喝的咸奶茶，用的多为青砖茶或黑砖茶，煮茶的器具是铁锅。制作时，应先把砖茶打碎，并将洗净的铁锅置于火上，盛水 2～3 kg，烧水至刚沸腾时，加入打碎的砖茶 25 g 左右。当水再次沸腾 5 min 后，掺入奶，用量为水的 1/5 左右。稍加搅动，再加入适量盐，等到整锅咸奶茶开始沸腾时，即算煮好，可盛在碗中待饮。煮咸奶茶的技术性很强，茶汤滋味的好坏、营养成分的多少，与用茶、加水、掺奶以及加料次序的先后都有很大的关系。如茶叶放迟了，或者加茶和奶的次序颠倒了，茶味就会释放不出来。而煮茶时间过长，又会丧失茶香味。蒙古族同胞认为，只有器、茶、奶、盐、温五者互相协调，才能制成咸香宜人、美味可口的咸奶茶来。为此，蒙古族妇女都练就了一手煮咸奶茶的好手艺。大凡姑娘从懂事起，做母亲的就会悉心向女儿传授煮茶技艺。当姑娘出嫁时，在新婚燕尔之际，也得当着亲朋好友的面显露一下煮茶的本领，不然就会有缺少家教之嫌。

5. 侗族、瑶族打油茶

居住在云南、贵州、湖南、广西及毗邻地区的侗族、瑶族和这一地区的其他兄弟民族，相互之间虽习俗有别，却都喜欢喝油茶。因此，凡在喜庆佳节或亲朋贵客进门时，总喜欢用做法讲究、用料精致的油茶款待客人。

做油茶，当地称之为打油茶。一般需经过以下几道程序：

(1)选茶　通常有两种茶可供选用，一是经专门烘炒的末茶，二是刚从茶树上采下的幼嫩新茶，这可根据个人口味而定。

(2)选料　打油茶用料通常有花生米、玉米花、黄豆、芝麻、糯粑、笋干等，应预先制作好待用。

(3)煮茶　先生火，待锅底发热，放适量食油入锅，待油面冒青烟时，立即投入适量茶叶入锅翻炒，当茶叶发出清香时，加上少许芝麻、食盐，再炒几下，即放水加盖，煮沸 3～5 min，即可将油茶连汤带料起锅盛碗待喝。如果是作庆典或宴请用的油茶，那么还得进行第四道程序，即配茶。配茶就是将事先准备好的

食料，先行炒熟，取出放入茶碗中备好。然后，将油炒经煮而成的茶汤捞出茶渣后，趁热倒入备有食料的茶碗中供客人吃茶。最后是奉茶，一般当主妇快要把油茶打好时，主人就会招待客人围桌入座。由于喝油茶时碗内加有许多食料，因此，还得用筷子相助，所以与其说是喝油茶，还不如说吃油茶更为贴切。吃油茶时，客人为了表示对主人热情好客的回敬，赞美油茶的鲜美可口，称道主人的手艺不凡，总是边喝、边啜、边嚼，在口中发出"啧、啧"声响，还赞不绝口。

6. 土家族、客家的擂茶

主要生活在湘、鄂、赣、闽、粤等地区的土家族和客家同胞，从宋朝开始，至今还保留着一种古老的吃茶法，这就是喝擂茶。

擂茶，又名三生汤，是用生叶(指从茶树采下的新鲜茶叶)、生姜和生米仁等三种原料经混合研碎加水后烹煮而成的汤。相传在三国时期，张飞带兵进攻武陵壶头山(今湖南省常德境内)，正值炎夏酷暑，当地瘟疫蔓延，张飞部下数百将士病倒，连张飞本人也未能幸免。正在危难之际，村中一位草医郎中有感于张飞部属纪律严明，秋毫无犯，便献出祖传除瘟秘方——擂茶，结果"茶到病除"。其实，茶能提神祛邪，清火明目；姜能理脾解表，去湿发汗；米仁能健脾润肺，和胃止火，所以说，擂茶被视为一种治病良药是有科学道理的。

随着时代的变迁，现今的擂茶在原料的选配上已发生了较大的变化。如今在制作擂茶时，通常用的原料除茶叶外，还配上炒熟的花生、芝麻、米花及生姜、食盐、胡椒粉之类。通常将茶和多种原辅料放在特制的陶制擂钵内，然后用硬木擂棍用力旋转，使各种原料相互混合，再取出一一倒入碗中，用沸水冲泡，用调匙轻轻搅动几下，即调成擂茶。也有少数地方省去了擂研程序，直接将多种原料放入碗内，用沸水冲泡而得到擂茶，但此种情况下冲茶的水必须是现沸的。

土家族兄弟都有喝擂茶的习惯，人们习惯于在午餐之前喝上几碗擂茶。有的老年人倘若一天不喝擂茶，就会感到全身乏力，精神不爽，视喝擂茶如同吃饭一样重要。不过，当有亲朋登门拜访时，那么在喝擂茶的同时还必须配有几碟茶点。茶点以清淡、香脆食品为主，诸如花生、薯片、瓜子、米花糖、炸鱼片之类，以增添喝擂茶的情趣。

7. 白族的三道茶

白族散居在我国西南地区，风光秀丽的云南大理是主要的聚居地，白族同胞惯饮三道茶。三道茶是指凡在逢年过节、生辰寿诞、男婚女嫁、拜师学艺等喜庆日子里，或是在亲朋宾客来访之际，白族人民款待宾客的一种茶饮方法，包含三道，第一道是清苦之茶，第二道是甜茶，第三道是回味茶。

制作三道茶时，每道茶的制作方法和所用原料都是不一样的。

(1)第一道茶："清苦之茶"　"清苦之茶"，寓意做人的哲理："要立业，就要先吃苦。"制作时，先将水烧开。再由司茶者将一只小砂罐置于文火上烘烤。待罐烤热后，随即取适量茶叶放入罐内，并不停地转动砂罐，使茶叶受热均匀，待罐内茶叶"啪啪"作响，叶色转黄，发出焦糖香时，立即注入已经烧沸的开水。片刻之后，主人将沸腾的茶水倒入茶盅，再用双手举盅献给客人。由于这种茶经烘烤、煮沸而成，因此，看上去色如琥珀，闻起来焦香扑鼻，喝下去滋味苦涩，故谓之苦茶，通常只有半杯，可以一饮而尽。

(2)第二道茶："甜茶"　当客人喝完第一道茶后，主人重新用小砂罐置茶、烤茶、煮茶，与此同时，还得在茶盅中放入少许红糖，将煮好的茶汤倒入盅内八分满为止。这样沏成的茶甜中带香，非常好喝，它寓意"人生在世，做什么事，只有吃得了苦，才会有甜香来"。

(3)第三道茶："回味茶"　其煮茶方法虽然相同，只是茶盅中放的原料已换成适量蜂蜜、少许炒米花、若干粒花椒、一撮核桃仁，茶汤容量通常为六七分满。饮第三道茶时，一般是一边晃动茶盅，使茶汤和佐料均匀混合；一边口中"呼呼"作响，趁热饮

下。这杯茶，喝起来甜、酸、苦、辣，各味俱全，回味无穷。它告诫人们，凡事要多“回味”，切记“先苦后甜”的哲理。

8. 基诺族的凉拌茶和煮茶

基诺族主要分布在我国云南西双版纳地区，尤以景洪地区为最多。他们的饮茶方法较为罕见，常见的有两种，即凉拌茶和煮茶。

凉拌茶是一种较为原始的食茶方法，它的历史可以追溯到数千年以前。凉拌茶是指以现采的茶树鲜嫩新梢为主料，再配以黄果叶、辣椒、食盐等佐料制成的食品。做凉拌茶的方法并不复杂，通常先将从茶树上采下的鲜嫩新梢用洁净的双手捧起，稍用力搓揉，使嫩梢揉碎，放入清洁的碗内，再将黄果叶揉碎，辣椒切碎，连同适量食盐投入碗中，最后，加上少许泉水，用筷子搅匀，静置 15 min 左右即可食用。

基诺族的另一种饮茶方式，就是喝煮茶，这种方法在基诺族中较为常见。其方法是先用茶壶将水煮沸，随即从陶罐中取出适量已经加工过的茶叶，投入正在沸腾的茶壶内，经 3 min 左右，茶叶的成分可充分溶入水中，即可将壶中的茶汤注入竹筒，供人饮用。竹筒，基诺族既用它当盛具（劳动时可盛茶带到田间饮用），又用它作饮具。因它一头平，便于摆放，另一头稍尖，便于饮用，所以，就地取材的竹筒便成了基诺族喝煮茶的重要器具。

9. 傣族的竹筒香茶

竹筒香茶是傣族人别具特色的一种茶饮料。傣族世代生活在我国云南的南部和西南部地区，以西双版纳最为集中，是一个能歌善舞而又热情好客的民族。

傣族同胞喝的竹筒香茶，其制作和烤煮方法很独特，一般可分为五道程序，现分述如下。

（1）装茶　将采摘下来的嫩茶经初加工制成毛茶，然后将毛茶放在生长期为一年左右的嫩香竹筒中，逐层装实。

(2)烤茶　将装有茶叶的竹筒放在火塘边烘烤，使筒内茶叶均匀受热，通常每隔 4～5 min 翻滚一次竹筒。待竹筒色泽由绿转黄时，筒内茶叶就达到了烘烤标准，即可停止烘烤。

(3)取茶　待茶叶烘烤完毕，用刀劈开竹筒，就制成了清香扑鼻、形似长筒的竹筒香茶。

(4)泡茶　取适量竹筒香茶置于碗中，用刚沸腾的开水冲泡，3～5 min 后即可饮用。

(5)喝茶　竹筒香茶喝起来既有茶的醇厚高香，又有竹的浓郁清香，通常会给人以耳目一新之感，所以傣族同胞不分男女老少，人人都爱喝竹筒香茶。

10. 拉祜族的烤茶

拉祜族主要分布在云南澜沧、孟连、沧源、耿马、勐海一带。在拉祜语中，称虎为“拉”，将肉烤香称之为“祜”，因此，拉祜族被称之为“猎虎”的民族。作为拉祜族古老的饮茶方法，饮烤茶至今仍然很盛行。饮烤茶通常分为 4 个操作程序进行：

(1)装茶抖烤　先将小陶罐在火塘上用文火烤热，然后放上适量茶叶抖烤，使茶叶均匀受热，待其叶色转黄并发出焦糖香气时为止。

(2)沏茶去沫　用沸水冲满盛茶的小陶罐，随即拨去上部浮沫，再注满沸水，煮沸 3 min 后待饮。

(3)倾茶敬客　将在罐内烤好的茶水倒入茶碗，奉茶敬客。

(4)喝茶啜味　拉祜族同胞认为，只有香气足、味道浓的烤茶能振奋精神，才是上等好茶。因此，拉祜族喝烤茶总喜欢啜饮热茶。

11. 纳西族的“龙虎斗”和盐茶

纳西族主要居住在风景秀丽的云南省丽江地区，这是一个喜爱喝茶的民族。他们平日爱喝一种具有独特风味的“龙虎斗”(图 3-5)。此外，还喜欢喝盐茶。

图 3-5 "龙虎斗"

来源:九天书苑.茶道常识全知道(图解应用版)[M].北京:中国铁道出版社,2013.

"龙虎斗"的制作方法也很独特,首先用水壶将茶烧开,另选一只小陶罐,放上适量茶,连罐带茶烘烤。为避免使茶叶烤焦,还要不断转动陶罐,使茶叶均匀受热。待茶叶发出焦香时,向罐内冲入开水,烧煮 3～5 min。同时,准备茶盅,放入半盅白酒,然后将煮好的茶水冲进盛有白酒的茶盅内。这时,茶盅内会发出"啪啪"的响声,纳西族同胞认为这是吉祥的征兆。声音愈响,在场者就愈高兴。纳西族认为"龙虎斗"还是治感冒的良药,因此提倡趁热喝下。如此喝茶,香高味酽,提神解渴,甚是过瘾。

纳西族喝的盐茶,其冲泡方法与"龙虎斗"相似,不同的是在预先准备好的茶盅内,放的不是白酒而是食盐。此外,也有不放食盐而改换食油或糖的,分别取名为油茶或糖茶。

❀ 第四章　茶　之　水

第一节　泡茶用水

一、古人泡茶用水

水为茶之父。中国人历来对泡茶用水都非常讲究。明代许次纾在《茶疏》中说："精茗蕴香，借水而发，无水不可与论茶也。"明代张大复在《梅花草堂笔谈》中谈道："茶性必发于水，八分之茶，遇十分之水，茶亦十分矣，八分之水，试十分之茶，茶只八分耳。"历代古茶书中，有不少篇章和专著都论及茶与水的关系，其中代表性的有唐代陆羽《茶经》中的"五之煮"，还有唐代张又新的《煎茶水记》、宋代欧阳修的《大明水记》、叶清臣的《述煮茶小品》、明代徐献忠的《水品》、田艺蘅的《煮泉小品》、清代汤蠹仙的《泉谱》、陆廷灿的《续茶经》"五之煮"等。

(一)古人选水泡茶

1. 择水选源

唐代陆羽《茶经》指出"其水，用山水上，江水中，井水下"。明代陈眉公《试茶》诗"泉从石出情更洌，茶自峰生味更圆"。明人田艺衡《煮泉小品》说，"若不得其水，且煮之不得其宜，虽好(茶)也不好。"都认为试茶水品的优劣，与水源的关系之密切。

(1)山泉水　陆羽对水的要求，首先是要远市井，少污染；重活水，恶死水。故认为山中乳泉为最佳。历代著名茶人往往长途跋涉，专门运输储存。山泉水大多出自岩石重叠的山峦。山上植被繁茂，从山岩断层细流汇集而成的山泉，富含二氧化碳和各种对人体有益的微量元素；而经过砂石过滤的泉水，水质清净晶莹，含氯、铁等化合物极少，用这种泉水泡茶，能使茶的色香味形得到最好发挥。但也并非山泉水都可以用来沏茶，如硫黄矿泉水是不能沏茶的。

（2）江、河、湖水　古人云，"扬子江中水，蒙山顶上茶"，说明了名茶伴美水，才能相得益彰。江河湖水属于地表水，含杂质较多，浑浊度较高，一般说来，沏茶难以得到很好的效果。但远离人烟，植被繁茂，没受污染的江、河、湖水，仍不失为沏茶好水。如浙江桐庐的富春江水、淳安的千岛湖水、绍兴的鉴湖水等。唐代陆羽在《茶经》中说："其江水，取去人远者"，唐代白居易在诗中说："蜀水寄到但惊新，渭水煎来始觉珍"，唐代李群玉曰："吴瓯湘水绿花"，就是例证。明代许次纾在《茶疏》中更进一步说："黄河之水，来自天上。浊者土色，澄之即净，香味自发"（图 4-1）。

許次紓
產茶
天下名山必產靈草江南地煖故獨宜茶大江以北
則稱六安然六安乃其郡名其實產霍山縣之大蜀
山也茶生最多名品亦振河南山陝人皆用之南方
謂其能消垢膩去積滯亦其寶愛顧彼山中不善製
造就於食鐺大薪炒焙未及出釜業已焦枯詎堪用
哉兼以竹造巨笥乘熱便貯雖有綠枝紫筍輒就萎

图 4-1　（明）许次纾《茶疏》

来源：黄木生．中国茶艺：纪念茶圣陆羽诞辰 1280 周年[M]．武汉：湖北科学技术出版社，2013．

(3)井水　杭州的“龙井茶，虎跑水”，俗称杭州“双绝”。名泉伴名茶，才能美上加美，相得益彰。井水属地下水，悬浮物含量少，透明度较高。但它又多为浅层地下水，特别是城市井水，易受周围环境污染，用来沏茶，有损茶味。所以，若能汲得活水井的水沏茶，也能泡得一杯好茶。唐代陆羽《茶经》“井取汲多者”，与明代陆树声《煎茶七类》“井取多汲者，汲多则水活”意同。明代焦竑的《玉堂丛语》、清代窦光鼐、朱筠的《日下归闻考》中都提到的京城文华殿东大庖井，水质清明，滋味甘洌，曾是明清两代皇宫的饮用水源。福建南安观音井，曾是宋代的斗茶用水，如今犹在。

2.感官鉴水

(1)水品贵“活”　宋代唐庚《斗茶记》说“水不问江井，要之贵活”，北宋苏东坡《汲江煎茶》说“活水还须活火煎，自临钓石取深清。大瓢贮月归深瓮，小勺分江入夜瓶”，南宋胡仔《苕溪渔隐丛话》说“茶非活水，则不能发其鲜馥”，明代顾元庆《茶谱》的“山水乳泉漫流者为上”，田艺蘅也说“泉不活者，食之有害”，凡此等等，都强调试茶水品应以“活”为贵，茶非活水则不能发挥其固有品质。

(2)水味要“甘”　北宋重臣蔡襄《茶录》说“水泉不甘，能损茶味”。明代田艺蘅《煮泉小品》说“味美者曰甘泉，气氛者曰香泉”，明代罗廪《茶解》主张“梅雨如膏，万物赖以滋养，其味独甘，梅后便不堪饮”。强调的宜茶水品在于“甘”，只有“甘”才能够出“味”。宋代诗人杨万里有“下山汲井得甘冷”之句，可谓一言知之。古人品水味，尤崇甘冷或曰甘洌。所谓甘就是水一入口，舌与两颊之间会产生甜滋滋的感觉，凡泉水甘者能助茶味。

(3)水质需“清”　唐代陆羽《茶经·四之器》所列的漉水囊，就是作为滤水用的。宋代“斗茶”强调茶汤以“白”取胜，更是注重“山泉之清者”。《煮泉水记》云：“移水取石子置之瓶中，虽养水，亦可澄水，令之不淆”。明代熊明遇用石子“养水”，目的也在于滤水。宜茶用水，以“清”为本。古诗里说：“在山泉水清，出山

泉水浊”。只有源头的泉水最纯净，清，就是要无色透明，无沉淀物。如果水质不清，古人也想方设法使之变清。所谓“正本清源”就是这个道理。

（4）水性应“洌” 洌就是冷、寒。古人认为寒冷的水，尤其是冰水、雪水，滋味最佳。这个看法也自有依据，水在结晶过程中，杂质下沉，结晶的冰相对而言比较纯净。至于雪水，更为宝贵。现代科学证明，自然界中的水，只有雪水、雨水才是纯净水，宜于泡茶。古人凭感觉获得这条宝贵经验，称雨水、雪水为天泉。陆羽品水，也列出雪水。白居易《晚起》诗中有“融雪煎香茗”之句。宋人丁谓《煎茶》诗记载他得到建安（今福建）名茶，舍不得随便饮用，“痛惜藏书箧，坚留待雪天”。

（5）水品应“轻” 清代乾隆皇帝一生爱茶，是一位品泉评茶的行家。塞北江南，无所不至，在杭州品龙井茶，上峨眉尝蒙顶茶，赴武夷啜岩茶，乾隆一生爱茶，是一位品泉评茶的行家。据清代陆以湉《冷庐杂识》记载，乾隆每次出巡，常喜欢带一只精制银斗，“精量各地泉水”，精心称重，按水的比重从轻到重，排出优次，定北京玉泉山水为“天下第一泉”。宋徽宗赵佶在《大观茶论》中提出：宜茶水品“以清轻甘洁为美”。清人梁章钜在《归田锁记》中指出，只有身入山中，方能真正品尝到“清香甘活”的泉水。在中国饮茶史上，曾有“得佳茗不易，觅美泉尤难”之说。多少爱茶人，为觅得一泓美泉，着实花费过一番功夫。现代科学运用化学分析的方法，将每毫升含有 8 mg 以上钙镁离子的水称为硬水，不到 8 mg 的称为软水，硬水重于软水。实验证明，用软水泡茶，色香味俱佳；用硬水泡茶，则茶汤变色，香味也大为逊色。古人凭感觉与长期饮水体验，认为水轻为佳，与现代科学暗合。

（二）古人评水论泉

1. 古人论水

陆羽在著《茶经》之前，就十分注重对水的考察研究。《唐才子传》说，陆羽曾与崔国辅“相与较定茶水之品”。此时的陆羽尚未至弱冠之年，可见陆羽幼年已开始在研究茶品的同时注重研究水品。关于宜茶之水，陆羽所《茶经》中就曾详加论证：“其水，用山水上，江水中，井水下。其山水，拣乳泉石池漫流者上，其瀑涌湍濑勿食之，久食令人有颈疾。又多别流于山谷者，澄浸不泄，自火天至霜郊(降)以前，或潜龙蓄毒于其间。饮者可决之，以流其恶，使新泉涓涓然，酌之。其江水，取去人远者，井水取汲多者。”陆羽对水的要求首先是远市井，少污染；重活水，恶死水。故认为山中乳泉、江中清流为佳。而沟谷之中，水流不畅，又在严夏者，有各种毒虫或细菌繁殖，当然不易饮。那么究竟哪里的水好，哪儿的水劣，还要经过茶人反复实践与品评。后代茶人对水的鉴别一直十分重视，以至出现了许多鉴别水品的专门著述。最著名的有：唐人张又新《煎茶水记》；宋代欧阳修的《大明水记》、叶清臣的《述煮茶小品》；明人徐献忠之《水品》、田艺衡的《煮泉小品》；清人汤蠹仙还专门鉴别泉水，著有《泉谱》。至于其他茶学专著中也大多兼有对水品的论述。

古人对水的挑选之精致程度，可在《红楼梦》知其一二。《红楼梦》第 41 回中写道，贾母在栊翠庵喝了妙玉的茶，又问是什么水，妙玉笑回“是旧年蠲的雨水”。之后，妙玉又把宝钗和黛玉领到耳房内喝体己茶，黛玉因问：“这也是旧年的雨水?”妙玉冷笑道：“你这么个人，竟是大俗人，连水也尝不出来。这是五年前我在玄墓蟠香寺住着，收的梅花上的雪，共得了那一鬼脸青的花瓮一瓮，总舍不得吃，埋在地下，今年夏天才开了。我只吃过一回，这是第二回了。你怎么尝不出来? 隔年蠲的雨水那有这样轻浮，如何吃得”。

《警世通言 · 王安石三难苏学士》中叙述了这样一个故事：王安石晚年发痰火之症，太医院告之必得阳羡茶与长江瞿塘中峡之水泡之，方可根治。苏东坡因公过三峡，王安石便托他带一瓮瞿塘中峡水。苏东坡因鉴赏三峡风光，船到下峡才想起取中峡水的事，怎耐水流湍急，无法回溯。只好将就汲了一瓮下峡水，充作中峡水。王安石用此水泡茶，见茶色半晌方见，便知是下峡之水。苏东坡感到奇怪，三峡相连，一般样水，何以辨之。王安石说："瞿塘水性，出于《水经补注》。上峡水性太急，下峡太缓，惟中峡缓急相半。太医院官乃明医，知老夫乃中脘变症，故用中峡水引经。此水烹阳羡茶，上峡味浓，下峡味淡，中峡浓淡之间。今见茶色半晌方见，故知是下峡。"苏东坡只得离席谢罪。

2. 古人论泉

根据名诗人温庭筠《采茶录》中记载，李季卿上任湖州刺史，行至维扬（今扬州）遇陆羽，请之上船，因李季卿泊扬子驿，慕名陆羽善煮茶，差人召见。季卿闻扬子江南泠水煮茶最佳，就派士卒去取。士卒自南泠汲水，至岸泼洒一半，乃取近岸之水补充。回来陆羽一尝，说："不对，这是近岸水。"又倒出一半，才说："这才是南泠水。"士兵大惊，乃具实以告。季卿大服，于是陆羽口授，乃列天下二十名水次第："江州庐山康王谷谷帘水第一；常州无锡县惠山石泉第二；蕲州兰溪石下水第三；硖州扇子硖蛤蟆口水第四；苏州虎丘寺石泉第五；江州庐山招贤寺下石桥潭水第六；扬州扬子江中泠水第七；洪州西山瀑布水第八；唐州桐柏县淮水源第九；江州庐山顶龙池水第十；润州丹阳县观音寺井第十二；汉江金州上流中泠水第十三；归州玉虚洞春溪水第十四；商州开关西谷水第十五；苏州吴松江水第十六；如州天台西南峰瀑布水第十七；郴州园泉第十八；严州桐庐江严陵滩水第十九；雪水第二十。"

据唐代张又新《煎茶水记》记载，最早提出鉴水试茶的是唐代的刘伯刍，他"亲揖而比之"，提出宜茶水品七等，开列如下："扬子江南零水第一；无锡惠山寺石水第二；苏州虎丘寺石水第三；丹阳县观音寺水第四；扬州大明寺水第五；吴松江水第六；淮水下第七。"

二、现代人泡茶用水

1. 现代人泡茶用水的选择

(1)纯净水　现代科学的进步，采用多层过滤、超滤、反渗透技术，可将一般的饮用水变成不含有任何杂质的纯净水，并使水的酸碱度达到中性。用这种水泡茶，不仅因为净度好、透明度高，沏出的茶汤晶莹透彻，而且香气滋味醇正，无异杂味，鲜醇爽口。市面上纯净水品牌很多，大多数都宜泡茶。除纯净水外，还有质地优良的矿泉水也是较好的泡茶用水。

(2)自来水　自来水含有用来消毒的氯气等，在水管中滞留较久的，还含有较多的铁质。当水中的铁离子含量超过万分之五时，会使茶汤呈褐色，而氯化物与茶中的多酚类作用，又会使茶汤表面形成一层“锈油”，喝起来有苦涩味。所以用自来水沏茶，最好用无污染的容器，先贮存一天，待氯气散发后再煮沸沏茶，或者采用净水器将水净化，这样就可成为较好的沏茶用水。

(3)井水　井水属地下水，悬浮物含量少，透明度较高。但它又多为浅层地下水，特别是城市井水，易受周围环境污染，用来沏茶，有损茶味。所以，若能汲得活水井的水沏茶，同样也能泡得一杯好茶。唐代陆羽茶经中说的“井取汲多者”，明代陆树声煎茶七类中讲的“井取多汲者，汲多则水活”，说的就是这个意思。明代焦竑的《玉堂丛语》，清代窦光鼐、朱筠的《日下归闻考》中都提到的京城文华殿东大庖井，水质清明，滋味甘冽，曾是明清两代皇宫的饮用水源。福建南安观音井，曾是宋代的斗茶用水，如今犹在。

(4)江、河、湖水　江、河、湖水属地表水，含杂质较多，浑浊度较高，一般说来，沏茶难以取得较好的效果，但在远离人烟，又是植被生长繁茂之地，污染物较少，这样的江、河、湖水，仍不失为沏茶好水。如浙江桐庐的富春江水、淳安的千岛湖水、绍兴的鉴湖水就是例证。唐代陆羽在茶经中说：“其江水，取去人远

者。"说的就是这个意思。唐代白居易在诗中说:"蜀水寄到但惊新,渭水煎来始觉珍",认为渭水煎茶很好。唐代李群玉曰:"吴瓯湘水绿花",说湘水煎茶也不差。明代许次纾在《茶疏》中更进一步说:"黄河之水,来自天上。浊者土色,澄之即净,香味自发",也就是说,即使浑浊的黄河水,只要经澄清处理,同样也能使茶汤香高味醇。这种情况,古代如此,现代也同样如此。

(5)山泉水　山泉水大多出自岩石重叠的山峦。山上植被繁茂,从山岩断层细流汇集而成的山泉,富含二氧化碳和各种对人体有益的微量元素;而经过砂石过滤的泉水,水质清净晶莹,含氯、铁等化合物极少,用这种泉水泡茶,能使茶的色、香、味、形得到最大程度发挥,但也并非山泉水都可以用来沏茶,如硫黄矿泉水是不能沏茶的。另外,山泉水也不是随处可得,因此,对多数茶客而言,只能视条件和可能去选择宜茶水品了。

(6)雪水和雨水　雨水和雪水,古人誉为"天泉"。用雪水泡茶,一向就被重视。如唐代大诗人白居易《晚起》诗中的"融雪煎香茗",宋代著名词人辛弃疾《六幺令》词中的"细写茶经煮香雪",还有元代诗人谢宗可《雪煎茶》诗中的"夜扫寒英煮绿尘",都是描写用雪水泡茶。清代曹雪芹的"却喜侍儿知试茗,扫将新雪及时烹"都是赞美用雪水泡茶的。《红楼梦》第四十一回"贾宝玉品茶栊翠庵"中也写道,妙玉用在地下珍藏了五年的、取自梅花上的雪水煎茶待客。至于雨水,综合历代茶人泡茶的经验,认为秋天雨水,因天高气爽,空中尘埃少,水味清冽,当属上品;梅雨季节的雨水,因天气沉闷,阴雨连绵,较为逊色;夏季雨水,雷雨阵阵,飞沙走石,因此水质不净,会使茶味"走样"。但雪水和雨水,与江、河、湖水相比,总是洁净的,不失为泡茶好水,不过,空气污染较为严重的地方,如酸雨的水,不能泡茶,同样污染很严重的城市的雪水也不能用来泡茶。

2. 当代科学用水标准

随着现代科学技术的进步,人们对生活饮用水(当然包括泡茶用水),已有条件提出科学的水质标准。我国各地区可以用符合生活用水水质标准(GB 5749—2006)的自来水评茶(表 4-1)。

表 4-1　生活用水水质标准 GB 5749—2006

项目	标准	项目	标准	项目	标准
色	<15°	挥发酚灯	<0.02 mg/L	铬(6 价)	<0.05 mg/L
浑浊度	<3°	阴离子合成洗涤剂	<0.3 mg/L	铅	<0.05 mg/L
臭和味	不得有异臭异味	硫酸盐	<250 mg/L	银	<0.05 mg/L
肉眼可见的	不得含有	氯化物	<250 mg/L	硝酸盐(以氮计)	<20 mg/L
pH	6.5~8.5	溶解性总固体	<1 000 mg/L	细菌总数	<100 个/mL
总硬度(以碳酸钙计)	<450 mg/L(实际<100 mg/L)	氟化物	<1.0 mg/L	总大肠菌群	<3 个/L
铁	<3.0 mg/L	氰化物	<0.05 mg/L		
锰	<1.0 mg/L	砷	<0.05 mg/L		
铜	<1.0 mg/L	汞	<0.001 mg/L		
锌	<1.0 mg/L	镉	<0.01 mg/L		

来源:黄木生. 中国茶艺:纪念茶圣陆羽诞辰 1 280 周年[M]. 武汉:湖北科学技术出版社,2013.

卫生饮用水的水质标准,主要包括以下四项指标:

(1)感官指标　色度不得超过 15°,并不得有其他异色;浑浊度不得超过 5°;不得有异臭异味,不得含有肉眼可见物。

(2)化学指标　pH 为 6.5~8.5,总硬度不高于 25°,要求氧化钙不超过 250 mg/L,铁不超过 0.3 mg/L,锰不超过 0.1 mg/L,铜不超过 1.0 mg/L,锌不超过 1.0 mg/L,挥发酚类不超过 0.002 mg/L,阴离子合成洗涤剂不超过 0.3 mg/L。

(3)毒理学指标　氟化物不超过 1.0 mg/L,适宜浓度 0.5~1.0 mg/L,氰化物不超过 0.05 mg/L,砷不超过 0.04 mg/L,镉不超过 0.01 mg/L,铬(六价)不超过 0.5 mg/L,铅不超过 0.1 mg/L。

(4)细菌指标　细菌总数在 1 mL 水中不得超过 100 个,大

肠菌群在1L水中不超过3个。泡茶用水，一般都用天然水。天然水按其来源可分为泉水（山水）、溪水、江水（河水）、湖水、井水、雨水、雪水等。自来水也是通过净化后的天然水。在天然水中，雨水和雪水属于软水，泉水、溪水、江（河）水，多为暂时硬水，部分地下水为硬水。蒸馏水为人工加工而成的软水，但成本高，不可能作为一般饮用水。许多茶学工作者，通过物理和化学的手段，用比较对照的方法，根据各地提供的水源，去寻找宜茶用水。上海市的评茶专家，曾用杭州虎跑泉水、上海市内深井水、自来水以及蒸馏水作比较，先煮沸水评定水质，再冲泡成茶汤后试评。虽方法有二，但比较的结果是一致的，均以虎跑泉水第一，深井水第二，蒸馏水第三，自来水最差。杭州的茶学专家曾做过实验，将虎跑泉山、西湖水、井水、天降水和自来水，分别冲泡同级龙井茶。开汤评审结果：茶叶的汤色、滋味和香气，均以虎跑泉水冲泡的为最好，其次为天降水、西湖水、井水，自来水最差。由于虎跑泉水从石英砂岩中渗出，含矿物质不多，总矿度只有0.02～0.1 g/kg；又因此泉水中富含二氧化碳，而氯化物极少，故水质优良，极宜冲泡茶叶，素有“龙井茶，虎跑水”之美称。

三、泡茶用水的处理

（1）过滤法　购置理想的滤水器，将自来水经过过滤后，再来冲泡茶叶。

（2）澄清法　将水先盛在陶缸，或无异味、干净的容器中，经过一昼夜的澄净和挥发，水质就较理想，可以冲泡茶叶。

（3）煮沸法　自来水煮开后，将壶盖打开，让水中的消毒药物的味道挥发掉，保留了没异味的水质，这样泡茶较为理想。

泡茶用水在茶艺中是一个重要项目，它不仅要合于物质之理、自然之理，还包含着中国茶人对大自然的热爱和高雅的审美情趣。

四、名泉佳水

神州大地，幅员辽阔，青山绿洲之间，名泉如繁星闪烁。它们或喷涌而出、飞翠流玉；或清澈如镜、汩汩外溢；或腾地而起、水雾弥漫；或时淌时停、含情带意。名泉吐珠，水质甘美可口，历来被名人雅士竞相评论。

(一)天下第一泉

按常理，既为“天下第一泉”，应该是普天之下独一无二，然而事实上，单在中国被称为天下第一泉的，就有四处：第一处为庐山的谷帘泉，第二处为镇江的中泠泉，第三处为北京西郊的玉泉，第四处为济南的趵突泉。

1.谷帘泉

谷帘泉又名三叠泉，在庐山主峰大汉阳峰南面康王谷中。据唐代张又新《煎茶水记》记载，陆羽曾经应李季卿的要求，对全国各地20处名泉排出名次，其中第一名是“庐山康王谷谷帘泉”。谷帘泉四周山体，多由砂岩组成，加之当地植被繁茂，下雨时雨水通过植被，再慢慢沿着岩石节理向下渗透，最后通过岩层裂缝，汇聚成一泓碧泉，从崖涧喷洒散飞，纷纷数十百缕，款款落入潭中，形成“岩垂匹练千丝落”(苏轼诗)的壮丽景象。因水如垂帘，故又称为“水帘泉”或“水帘水”。历史上众多名人墨客，都以能亲临观赏这一胜景和亲品“琼浆玉液”为幸。宋代陆游一生好茶，在入川途中，路过江西时，也对谷帘泉称赞不已，在他的日记中这样写道：“前辈或斥水品以为不可信，水品因不必尽当，然谷帘卓然，非惠山所及，则亦不可诬也。”此外，宋代的王安石、秦少游、朱熹等也都慕名到此，品茶品水，公认谷帘泉水“甘馥清冷，具备诸美而绝品也！”宋代名人王禹偁还专为谷帘泉写了序文：“水之来计程，一月矣，而其味不败。取茶煮之，浮云蔽雪之状，与井泉绝殊。”人们普遍认为谷帘泉的泉水具有八大优点，即清、冷、香、柔、甘、净、不噎人、可预防疾病。

2.中泠泉

中泠泉也叫中濡泉、南泠泉，位于江苏镇江金山寺外。

唐宋之时，金山还是“江心一朵芙蓉”，中泠泉也在长江中。据记载，以前泉水在江中，江水来自西方，受到石簰山和鹘山的

阻挡，水势曲折转流，分为三泠（三泠为南泠、中泠、北泠），而泉水就在中间一个水曲之下，故名“中泠泉”。因位置在金山的西南面，故又称“南泠泉”。因长江水深流急，汲取不易。据传打泉水需在正午之时将带盖的铜瓶子用绳子放入泉中后，迅速拉开盖子，才能汲到真正的泉水。南宋爱国诗人陆游曾到此，留下了“铜瓶愁汲中濡水，不见茶山九十翁”的诗句。

中泠泉水宛如一条戏水白龙，自池底汹涌而出。“绿如翡翠，浓似琼浆”，泉水甘洌醇厚，特宜煎茶。唐陆羽品评天下泉水时，中泠泉名列全国第七，稍陆羽之后的后唐名士刘伯刍把宜茶的水分为七等，扬子江的中泠泉依其水味和煮茶味佳名列第一。另外，中泠泉还传有“盈杯不溢”之说，贮泉水于杯中，水虽高出杯口 12 mm 都不溢，水面放上一枚硬币，不见沉底，从此中泠泉被誉为“天下第一泉”。在 1992 年 5 月出版的《中国茶经》中，中泠泉还被列为中国五大名泉之首。

3. 玉泉

玉泉位于北京西郊玉泉山南麓。

玉泉被称为天下第一，跟乾隆皇帝分不开。相传乾隆皇帝是有名的嗜茶皇帝，他每次巡视全国各地时，都让属下带一只银斗称量各地名泉的比重，经过评比，玉泉的水比重最轻且极其甘洌，所以赐封玉泉为“天下第一泉”。他还特地撰写了《玉泉山天下第一泉记》，记中说：“水之德在养人，其味贵甘，其质贵轻。朕历品名泉，……则凡出於山下而有洌者，诚无过京师之玉泉，故定为天下第一泉。”玉泉被乾隆皇帝钦命为“天下第一泉”。

4. 趵突泉

趵突泉又名槛泉，位于济南市中心趵突泉公园。

济南素以泉水多而著称，有“济南泉水甲天下”的赞誉。趵突泉居济南“七十二名泉”之首，南倚千佛山，北靠大明湖。泉水昼夜喷涌，涌出时奔突跳跃，其水势如鼎沸，状如白雪三堆，冬夏如一，蔚为奇观。前人赞美趵突泉就有“倒喷三窟雪，散作一池珠”及“千年玉树波心立，万叠冰花浪里开”等佳句。趵突泉水清醇甘洌，烹茶甚为相宜，宋代曾巩说“润泽春茶味更真”。

趵突泉被誉为“第一泉”始见于明代晏璧的诗句“渴马崖前水满川，江水泉迸蕊珠圆。济南七十泉流乳，趵突洵称第一泉”。后来还传说乾隆皇帝下江南途经济南时品饮了趵突泉水，觉得这水竟比他赐封的“天下第一泉”玉泉水更加甘洌爽口，于是赐封趵突泉为“天下第一泉”，并写了一篇《游趵突泉记》，还为趵突泉题书了“激湍”两个大字。此外，蒲松龄也把天下第一的桂冠给了趵突泉。他曾写道：“尔其石中含窍，地下藏机，突三峰而直上，散碎锦而成绮垂……海内之名泉第一，齐门之胜地无双。”乾隆末年，山东按察使石韫玉为趵突泉题写了一副对联：“画阁镜中，看幻作神仙福地。飞泉云外，听写成山水清音。”我国名泉虽多，但像趵突泉这样“石中含窍，地下藏机”，能幻作神仙福地、听出山水清音的奇泉灵水也应该是绝无仅有了。

据此看来，趵突泉被誉为“天下第一泉”就要比前面三个更有说服力了，因为它不仅因诗词名闻天下，同时也是上至皇帝大臣下至平民百姓所“公认”的。

（二）天下第二泉——无锡惠山泉

惠山泉位于江苏无锡惠山寺附近，原名漪澜泉，相传为唐朝无锡县令敬澄派人开凿的，共两池，上池圆，下池方，故又称二泉。由于惠山泉水源于若冰洞，细流透过岩层裂缝，呈伏流汇集，遂成为泉。因此，泉水质轻而味甘，深受茶人赞许。唐代天宝进士皇甫冉称此水来自太空仙境；唐元和进士李绅说此泉是“人间灵液，清鉴肌骨，漱开神虑，茶得此水，尽皆芳味”。

惠山泉盛名，始于中唐，其时，饮茶之风大兴，品茗艺术化，对水有更高的要求。据张又新的《煎茶水记》载，最早评点惠山泉水品的是唐代刑部侍郎刘伯刍和“茶神”陆羽，他们品评的宜茶范围不一，但都将惠山泉列为“天下第二泉”。自此以后，历代名人学士都以惠山泉沏茗为快。据唐代无名士《玉泉子》载，唐武宗时，宰相李德裕为汲取惠山泉水，设立“水递”（类似驿站的专门输水机构），把惠山泉水送往千里之外的长安；宋代大文学家欧阳修用惠山泉作“润笔费”礼赠大书法家蔡襄；宋徽宗赵佶更把惠山泉水列为贡品，由两淮两浙路发运使赵霆按月进贡；南

宋高宗赵构被金人逼得走投无路，仓皇南逃时，还去无锡品茗二泉；元代翰林学士、大书法家赵孟专为惠山泉书写了“天下第二泉”五个大字，至今仍完好地保存在泉亭后壁上；明代诗人李梦阳在其《谢友送惠山泉》诗中写道：“故人何方来？来自锡山谷。暑行四千里，致我泉一斛。”近代，这种汲惠山泉水沏茶之举，大有人在。

每日提壶携桶，排队汲水，为的是试泉品茗。

其实，惠山泉是地下水的天然露头，免受环境污染。加之泉水经过砂石过滤，汇集成流，水质自然清澈晶莹。另外，还由于水流通过山岩，富含矿物质营养。用这等上好泉水品茗，自然为人钟情，大有“茶不醉人人自醉”之意。

（三）天下第三泉——苏州虎丘寺石泉水

石泉水位于苏州阊门外虎丘寺旁，其地不仅以天下名泉佳水著称于世，而且以风景秀丽闻名遐迩。

据《苏州府志》记载，唐德宗贞元中，陆羽寓居苏州虎丘，发现虎丘山泉甘醇可口，遂在虎丘山挖筑一井，在天下宜茶二十水品中，陆羽称“苏州虎丘寺石泉水，第五”。后人称其为“陆羽井”，又称“陆羽泉”。在虎丘期间，陆羽还用虎丘泉水栽培茶树。由于陆羽的提倡，苏州人饮茶成习俗，百姓营生，种茶亦为一业。差不多与陆羽同时代的刘伯刍又评它为“天下第三泉”。从此，虎丘寺石泉水又有了“天下第三泉”之美称。其实，虎丘寺石泉水，人们能见到的是一口古石井。井口大约有一丈见方，四壁垒以石块。井泉终年不涸，清洌甘醇，用来试茗，能保持茶的清香醇厚本色，又有甘甜鲜爽之美。

另外，在石泉水井南面的“千人石”左侧的“冷香阁”内开有茶室，乃是游客休闲品茗的佳处。

（四）天下第四泉——扇子山蛤蟆石泉水

蛤蟆石，在长江西陵峡东段。距湖北宜昌市西北 25 km 处，灯影峡之东，长江南岸扇子山山麓，有一呈椭圆形的巨石，霍然挺出，从江中望去好似一只张口伸舌、鼓起大眼的蛤蟆，人们称之为蛤蟆石，又叫蛤蟆碚。蛤蟆石地处滩险流急的扇子峡边，舟人过此视为畏途。郭相业在《蛤蟆碚》中写道:“白狗峡,黄牛滩,千古人嗟蜀道难,江边蹲踞蛤蟆石,逆水牵舟难更难,贾客闻之心胆寒。”然而比这千万年蹲在长江边上的蛤蟆石更有名气的,则是隐匿在背后的那眼清泉。在蛤蟆尾部山腹有一石穴,中有清泉,泠泠倾泻于“蛤蟆”的背脊和口鼻之间(因蛤蟆头朝北),漱玉喷珠,状如水帘,垂注入长江之中,名曰“蛤蟆泉”。泉洞石色绿润,岩穴幽深,其内积泉水成池,水色清碧,其味甘美。

蛤蟆泉,水清、味甘,是烹茶、酿酒的上好水源。陆羽曾多次来此品尝,他在《茶经》中写道:“峡州扇子山有石突然,泄水独清冷,状如龟形,俗云蛤蟆泉水第四。”蛤蟆泉传说是月宫中的蛤蟆吐的琼浆玉液,清人杨毓秀在《东湖物产图赞》中说“太阴之精,广寒是宅,窃饮天汉,逃距峡侧,罡风踔厉,吹化为石,远导汉潢,潜疏坤脉,口吐琼浆,泽我下国”,给我们演绎了一个传奇的神话故事。月宫中的一只小蛤蟆,因偷饮了天池中的圣水,被月宫之子吴刚一斧打昏,从半天云里掉到了灯影峡的江边,被一位善良的老樵夫搭救,小蛤蟆为报救命之恩,风化成石,蹲在江边长年喷吐甘液。小蛤蟆吞食天地灵气,汲取日月精华,它所喷吐的也是琼浆玉液,石牌当地流传着一首民谣:“明月水,明月水,小蛤蟆吐的活宝贝,泡茶茶碗凤凰叫,煮酒酒杯白鹤飞,十里闻香人也醉。”

这蛤蟆泉水自从陆羽评其为“天下第四泉”以来,引起了嗜茶品泉者的浓厚兴趣,特别是北宋年间,许多著名品泉高手、茶道大师,都不避艰险,纷纷登临扇子山,以一品蛤蟆泉水为快,并留下了赞美泉水的诗篇。如北宋文学家、史学家欧阳修(1007—1072)有诗赞曰:“蛤蟆喷水帘,甘液胜饮酎”。北宋诗人、书法家黄庭坚(1045—1105)在诗中赞道:“巴人漫说蛤蟆碚,试裹春芽来就煎。”北宋文学家、书法家和散文家苏轼(1037—1101)和苏辙(1039—1112)兄弟都曾登临蛤蟆碚品泉赋诗,赞赏寒碧清醇的蛤蟆泉水“岂惟煮茗好,酿酒更无敌”。

(五)天下第五泉——扬州大明寺泉水

大明寺,在江苏扬州市西北约 4 km 的蜀岗中峰上,东临观

音山。建于南朝宋大明年间(457—464)而得名。隋代仁寿元年(601)曾在寺内建栖灵塔,又称栖灵寺。这里曾是唐代高僧鉴真大师居住和讲学的地方。现寺为清同治年间重建。在大明寺山门两边的墙上对称地镶嵌着:“淮东第一观”和“天下第五泉”十个大字,每字约一米见方,笔力遒劲。

著名的“天下第五泉”即在寺内的西花园里。西花园原名“芳圃”。相传为清乾隆十六年(1751 年),乾隆皇帝下江南,到扬州欣赏风景的一个御花园,向以山林野趣著称。唐代茶人陆羽在沿长江南北访茶品泉期间,实地品鉴过大明寺泉,被列为天下第十二佳水。

唐代另一位品泉家刘伯刍却将扬州大明寺泉水,评为“天下第五泉”,于是,扬州大明寺泉水,就以“天下第五泉”扬名于世。大明寺泉,水味醇厚,最宜烹茶,凡是品尝过的人都公认宋代欧阳修在《大明寺泉水记》所说“此水为水之美者也”是深识水性之论。为适应改革开放的形势,20 世纪 80 年代初,扬州园林部门又在西花园建了五泉茶社,这是一座仿古的柏木建筑,分上下两厅,两厅之间以假山连接,上厅好像置身于蜀岗之上,下厅背临湖水,犹似悬架在湖水之中。游人至此,在饱览蜀岗胜景之后,入座茶厅内小憩,细细地品饮着用五泉水冲泡的江南香茗,既可举目东望观看山色,又可俯视清雅秀丽的瘦西湖风光,那才真可谓是赏心悦目,烦襟顿开,不虚此行。如若能再悉心领略方梦圆所题《扬州第五泉联》的优美意境,那就更令人流连于扬州的江山胜迹与梅月风情。

(六)浙江杭州虎跑泉

虎跑泉,在浙江杭州市西南大慈山白鹤峰下慧禅寺(俗称虎跑寺)侧院内,距市区约 5 km。虎跑泉石壁上刻着“虎跑泉”三个大字,功力深厚,笔锋苍劲,出自西蜀书法家谭道一的手迹。这虎跑泉的来历,还有一个饶有兴味的神话传说呢。相传,唐元和十四年(819 年)高僧性空来此,喜欢这里风景灵秀,便住了下来。后来,因为附近没有水源,他准备迁往别处。一夜忽然梦见神人告诉他说:“南岳有一童子泉,当遣二虎将其搬到这里来。”

第二天，他果然看见二虎跑（刨）地作地穴，清澈的泉水随即涌出，故名为虎跑泉。“虎移泉眼至南岳童子，历百千万劫留此真源。”——这副虎跑寺楹联也是写的这个神话故事，只是更具有佛教寓意。

其实，虎跑泉是从大慈山后断层陡壁砂岩、石英砂中渗出，据测定流量为每日 43.286.4 m^3。泉水晶莹甘洌，居西湖诸泉之首。

“龙井茶叶虎跑水”，被誉为西湖双绝。古往今来，凡是来杭州游历的人们，无不以能身临其境品尝一下以虎跑甘泉之水冲泡的西湖龙井之茶为快事。历代的诗人们留下了许多赞美虎跑泉水的诗篇。如苏东坡有：“道人不惜阶前水，借与匏尊自在偿。”清代诗人黄景仁（1749—1783）在《虎跑泉》一诗中有云：“问水何方来？南岳几千里。龙像一帖然，天人共欢喜。”诗人是根据传说，说虎跑泉水是从南岳衡山由仙童化虎搬运而来，缺水的大慈山忽有清泉涌出，天上人间都为之欢呼赞叹。亦赞扬高僧开山引泉，造福苍生功德。著名文学家郭沫若 1959 年 2 月游虎跑泉时，在品茗之际，曾作诗一首：“虎去泉犹在，客来茶甚甘。名传天下二，影对水成三。饱览湖山美，豪游意兴酣。春风吹送我，岭外又江南。”

（七）浙江杭州龙井泉

龙井泉地处杭州西湖西南，位于南高峰与天马山间的龙泓涧上游的风篁岭上，又名龙泓泉、龙湫泉，为一圆形泉池，环以精工雕刻的云状石栏。泉池后壁砌以垒石，泉水从垒石下的石隙涓涓流出，汇集于龙井泉池，尔后通过泉下方通道注入玉泓池，再跌宕下泻，成为凤凰岭下的淙淙溪流。据明代田汝成《西湖游览志》载，龙井泉发现于三国东吴孙权统治年间（238—251），东晋学者葛洪在此炼过丹。民间传说龙井泉与江海相通，龙居其中，故名龙井。其实，龙井泉属岩溶裂隙泉，四周多为石灰岩层构成，并由西向东南方倾斜，而龙井正处在倾斜面的东北端，有利于地下水顺岩层向龙井方向汇集。同时，龙井泉又处在一条有利于补给地下水的断层破碎带上，从而构成了终年不涸的龙

井清泉。且水味甘醇，清明如镜。清代陆次云《再游龙井作》中写道："清跸重听龙井泉，明将归辔户华旃；问山得路宜晴后，汲水煎茶正雨前。"名泉伴佳茗，好茶配好水，实在是件美事。如今，"龙井问茶"已刻成碑，立龙井泉和龙井寺的入口处，在龙井茶室品茗，已成了游客的绝妙去处。

第二节　泡茶要素

一、泡茶四要素

1. 茶叶用量

茶叶用量就是每杯或每壶中放适当分量的茶叶。泡好一杯茶或一壶茶，首先要掌握茶叶用量。每次茶叶用多少，并没有统一标准，主要根据茶叶种类、茶具大小以及消费者的饮用习惯而定。一般而言，水多茶少，滋味淡薄；茶多水少，茶汤苦涩不爽。因此，细嫩的茶叶用量要多；较粗的茶叶，用量可少些。

普通的红、绿茶类(包括花茶)，可大致掌握在 1 g 茶冲泡 50～60 mL 水。如果是 200 mL 的杯(壶)，那么，放上 3 g 左右的茶，冲水至七八成满，就成了一杯浓淡适宜的茶汤。若饮用云南普洱茶，则需放茶叶 58 g。

乌龙茶因习惯浓饮，注重品味和闻香，故要汤少味浓，用茶量以茶叶与茶壶比例来确定，投茶量大致是茶壶容积的 1/3～1/2。广东、潮汕地区，投茶量达到茶壶容积的 1/2～2/3。

茶、水的用量还与饮茶者的年龄、性别有关。大致来说，中老年人比年轻人饮茶要浓，男性比女性饮茶要浓。如果饮茶者是老茶客或是体力劳动者，一般可以适量加大茶量；如果饮茶者是新茶客或是脑力劳动者，可以适量少放一些茶叶。

一般来说，茶不可泡得太浓，因为浓茶有损胃气，对脾胃虚寒者更甚，茶叶中含有鞣酸，太浓太多，可收缩消化黏膜，妨碍胃吸收，引起便秘和牙黄；同时，太浓的茶汤和太淡的茶汤不易体会出茶香嫩的味道。古人谓饮茶"宁淡勿浓"是有一定道理的。

2. 冲泡水温

古人对泡茶水温十分讲究。宋代蔡襄在《茶录》中说："候汤（即指烧开水煮茶——作者注）最难，未熟则沫浮，过熟则茶沉，前世谓之蟹眼者，过熟汤也。沉瓶中煮之不可辨，故曰候汤最难。"明代许次纾在《茶疏》中说得更为具体："水一入铫，便需急煮，候有松声，即去盖，以消息其老嫩。蟹眼之后，水有微涛，是为当时；大涛鼎沸，旋至无声，是为过时；过则汤老而香散，决不堪用。"以上说明，泡茶烧水，要大火急沸，不要文火慢煮。以刚煮沸起泡为宜，用这样的水泡茶，茶汤香味皆佳。如水沸腾过久，即古人所称的"水老"。此时，溶于水中的二氧化碳挥发殆尽，泡茶鲜爽味便大为逊色。未沸滚的水，古人称为"水嫩"，也不适宜泡茶，因水温低，茶中有效成分不易泡出，使香味低淡，而且茶浮水面，饮用不便。据测定，用60℃的开水冲泡茶叶，与等量100℃的水冲泡茶叶相比，在时间和用茶量相同的情况下，茶汤中的茶汁浸出物含量，前者只有后者的45%～65%。这就是说，冲泡茶的水温高，茶汁就容易浸出，茶汤的滋味也就愈浓；冲泡茶的水温低，茶汁浸出速度慢，茶汤的滋味也相对愈淡。"冷水泡茶慢慢浓"，说的就是这个意思。泡茶水温的高低，与茶的老嫩、松紧、大小有关。大致说来，茶叶原料粗老、紧实、整叶的，要比茶叶原料细嫩、松散、碎叶的，茶汁浸出要慢得多，所以冲泡水温要高。当然，水温的高低，还与冲泡的茶叶品种有关。

具体说来，高级细嫩名茶，特别是名优高档的绿茶，冲泡时水温为80℃左右。只有这样泡出来的茶汤清澈不浑，香气醇正而不钝，滋味鲜爽而不熟，叶底明亮而不暗，使人饮之可口，视之动情。如果水温过高，汤色就会变黄；茶芽因"泡熟"而不能直立，失去欣赏性；维生素遭到大量破坏，降低营养价值；咖啡碱、茶多酚很快浸出，又使茶汤产生苦涩味，这就是茶人常说的把茶"烫熟"了。反之，如果水温过低，则渗透性较低，往往使茶叶浮在表面，茶中的有效成分难以浸出，结果，茶味淡薄，同样会降低饮茶的功效。大宗红、绿茶和花茶，由于茶叶原料老嫩适中，故可用90℃左右的开水冲泡。

冲泡乌龙茶、普洱茶等特种茶，由于原料并不细嫩，加之用茶量较大，所以须用刚沸腾的100℃开水冲泡。特别是乌龙茶为了保持和提高水温，要在冲泡前用滚开水烫热茶具；冲泡后用滚开水淋壶加温，目的是增加温度，使茶香充分发挥出来。至于边疆地区民族喝的紧压茶，要先将茶捣碎成小块，再放入壶或锅内煎煮后，才供人们饮用。

判断水的温度可先用温度计和计时器测量，等掌握之后就可凭经验来断定了。当然，所有的泡茶用水都得煮开，以自然降温的方式来达到控温的效果。

3. 冲泡时间

茶叶冲泡时间差异很大，与茶叶种类、泡茶水温、用茶数量和饮茶习惯等都有关。如用茶杯泡饮普通红、绿茶，每杯放干茶3 g左右，用沸水150～200 mL，冲泡时宜加杯盖，避免茶香散失，时间以2～3 min为宜。时间太短，茶汤色浅淡；茶泡久了，增加茶汤涩味，香味还易丧失。不过，新采制的绿茶可冲水不加杯盖，这样汤色更艳。用茶量多的，冲泡时间宜短，反之则宜长。质量好的茶，冲泡时间宜短，反之宜长些。

茶的滋味是随着时间延长而逐渐增浓的。据测定，用沸水泡茶，首先浸泡出来的是咖啡碱、维生素、氨基酸等；大约到3 min时，浸出物浓度最佳，这时饮起来，茶汤有鲜爽醇和之感，但缺少饮茶者需要的刺激味。以后，随着时间的延续，茶多酚浸出物含量逐渐增加。因此，为了获取一杯鲜爽甘醇的茶汤，可用如下改良冲泡法（主要指绿茶）：将茶叶放入杯中后，先倒入少量开水，以浸没茶叶为度，加盖3 min左右，再加开水到七八成满，便可趁热饮用。当喝到杯中尚余1/3左右茶汤时，再加开水，这样可使前后茶汤浓度比较均匀。

对于注重香气的乌龙茶、花茶，泡茶时，为了不使茶香散失，不但需要加盖，而且冲泡时间不宜长，通常2～3 min即可。由于泡乌龙茶时用茶量较大，因此第一泡1 min就可将茶汤倾入杯中，自第二泡开始，每次应比前一泡增加15 s左右，这样泡出的茶汤比较均匀。白茶冲泡时，要求沸水的温度在70℃左右，一般在 4～5 min 后，浮在水面的茶叶才开始徐徐下沉，这时，品茶者应以欣赏为主，观茶形，察沉浮，从不同的茶姿、颜色中使自己的身心得到愉悦，一般到 10 min，方可品饮茶汤；否则，不但失去了品茶艺术的享受，而且饮起来淡而无味。这是因为白茶加工未经揉捻，细胞未曾破碎，所以茶汁很难浸出，以致浸泡时间须相对延长，同时只能重泡一次。另外，冲泡时间还与茶叶老嫩和茶的形态有关。一般说来，凡原料较细嫩，茶叶松散的，冲泡时间可相对缩短；相反，原料较粗老，茶叶紧实的，冲泡时间可相对延长。

4. 冲泡次数

据测定，茶叶中各种有效成分的浸出率是不一样的，最容易浸出的是氨基酸和维生素 C；其次是咖啡碱、茶多酚、可溶性糖等。一般茶冲泡第一次时，茶中的可溶性物质能浸出 50%～55%；冲泡第二次时，能浸出 30%左右；冲泡第三次时，能浸出约 10%；冲泡第四次时，只能浸出 2%～3%，几乎是白开水了。所以，通常以冲泡 3 次为宜。

如饮用颗粒细小、揉捻充分的红碎茶和绿碎茶，由于这类茶的成分很容易被沸水浸出，一般都是冲泡一次就将茶渣滤去，不再重泡；速溶茶，也是采用一次冲泡法；工夫红茶则可冲泡 2～3 次；而条形绿茶如眉茶、花茶通常只能冲泡 2～3 次；白茶和黄茶，一般也只能冲泡 1 次，最多 2 次。

品饮乌龙茶多用小型紫砂壶，在用茶量较多时(约半壶)的情况下，可连续冲泡 4～6 次，甚至更多。

二、不同茶类的适饮性

茶类不同，茶性也不同，家庭购茶既可根据家庭成员的个人喜好，也可根据各成员的身体状况，还可根据所属的季节，结合不同的茶性，选购不同的茶类。

一般认为绿茶是凉性的，而且绿茶中的营养成分如维生素、叶绿素、茶多酚、氨基酸等物质是所有茶中含量最丰富的。绿茶味较苦涩，特别是大叶种绿茶富含茶多酚和咖啡碱，对胃有一定

的刺激性，肠胃较弱的人应少喝或冲泡时茶少水多，使滋味稍淡而减少刺激性。在炎热的夏季，可以泡上一杯清清绿绿的绿茶，使人仿佛来到清凉的绿草地，置身在绿意盎然的春季，暑意顿消。

红茶被认为是热性的，对于肠胃较弱的人，可以选用红茶特别是小叶种红茶，滋味甜醇，无刺激性。如果选择大叶种红茶，茶味较浓，可在茶汤中加入牛奶和红糖，有暖胃和增加能量的作用。在寒冷的冬季，泡上一杯香甜红艳的红茶，会使整个房间都沐上一层暖融融的光。

花茶较适宜妇女饮用，它有疏肝解郁、理气调经的功效。如茉莉花茶有助于产妇顺利分娩，玳玳花茶有调经理气的功效，女性在经期前后和更年期，性情烦躁，饮用花茶可减缓这些症状。

白茶的茶性清凉，过去在东北农村常用白茶炖冰糖来降火去燥，治疗牙疼、便秘等疾病。因东北地区到了冬天气温特别寒冷，整天蛰居在热炕上，饮食中又缺少新鲜蔬菜，极易上火。另外，白茶加工中未经炒、揉，任其自然风干，茶中多糖类物质基本未被破坏，是所有茶类中茶多糖含量最高的，而茶多糖对治疗糖尿病有一定的功效，因而糖尿病患者最适合饮用的是白茶，喝时应注意用凉开水长时间浸泡(7～8 h)，于清晨和晚上喝，不能用开水冲泡，以免高温破坏茶多酚。

❀第五章　茶　之　具

第一节　茶　　具

一、陶土茶具

陶土茶具经历漫长的岁月洗礼，已发展出茶具中最具代表性的一类——紫砂茶具。紫砂茶具在众多种类的茶具中具有不可替代的特性，这种独特性主要体现在：

(1)可塑性好　例如紫泥，它可塑性高，可任意加工成大小各异的不同造型。制作时粘合力强，但又不粘工具不粘手。如茶壶的各部分可单独制成，再粘到壶体上。器具表面可以泥雕、雕刻等装饰。

(2)干燥收缩率小　紫砂陶从泥坯成型到烧成收缩约8%，烧成温度范围较宽，变形率小，生坯强度大，因此茶壶的口盖能做到严丝合缝，造型轮廓线条规矩严而不致扭曲。把手可以比瓷壶的粗，不怕壶口面失圆，这样与嘴比例合度，另外，可以做敞口的器皿及口面与壶身同样大的大口面茶壶。

(3)紫砂泥本身不需要加配其他原料就能单独成陶　成品陶中有双重气孔结构，一为闭口气孔，是团聚体内部的气孔；二为开口气孔，是包裹在团聚体周围的气孔群。这就使紫砂陶具有良好的透气性。气孔微细，密度高，具有较强的吸附力，而施釉的陶瓷茶壶的这种功能就比较欠缺。同时茶壶本身是精密合理的造型，壶口壶盖配合严密，位移公差小于0.5 mm，减少了混有黄曲霉菌等霉菌的空气流入壶内的渠道。因而，就能较长时间地保持茶叶的色香味，相对地推迟了茶叶变质发馊的时间。

其冷热急变性能也好，即便开水冲泡后再急入冷水中也不炸不裂。

(4)紫砂泥土成型后不需要施釉　它平整光滑的外形，用的时间越久，把摩的时间越长，就会越光润可爱，可以成为收藏爱好者手中的珍品。

二、瓷器茶具

瓷器茶具的品种很多，其中主要有：青瓷茶具、白瓷茶具、黑瓷茶具和彩瓷茶具。这些茶具在中国茶文化发展史上，都曾有过辉煌的一页。

1. 青瓷茶具

以浙江生产的质量最好。早在东汉年间，已开始生产色泽纯正、透明发光的青瓷；晋代浙江的越窑、婺窑、瓯窑已具相当规模；宋代，作为当时五大名窑之一的浙江龙泉哥窑生产的青瓷茶具，已达到鼎盛时期，远销各地；明代，青瓷茶具更以其质地细腻、造型端庄、釉色青莹、纹样雅丽而蜚声中外。16世纪末，龙泉青瓷出口法国，轰动整个法兰西，人们用当时风靡欧洲的名剧《牧羊女》中的女主角雪拉同的美丽青袍与之相比，称龙泉青瓷为“雪拉同”，视为稀世珍品。当代，浙江龙泉青瓷茶具又有新的发展，不断有新产品问世。这种茶具除具有瓷器茶具的众多优点外，因色泽青翠，用来冲泡绿茶，有益汤色之美。不过，用它冲泡红茶、白茶、黄茶、黑茶，则易使茶汤失去本来面目，似有不足之处。

小知识：

故宫博物院藏的青釉凤头龙柄壶，是我国北方青釉的精美作品，也是唐文化接受外来影响的一个实例(图5-1)。

尺寸：通高41.2 cm，口径9.4 cm，底径10 cm。

壶灰白色胎，通体釉色淡青略带浅黄，釉厚处呈玻璃状。壶的装饰为堆贴与刻花两种手法。通体饰力士、莲瓣纹、卷叶纹和宝相华。壶口覆以凤头盖，盖的一端与壶流相吻而稍上翘呈弧形，构成凤嘴，壶身一侧附龙形竖柄，龙头衔壶口，龙尾接器底。

图 5-1 (唐)青釉凤头龙柄壶

来源:李辉炳. 陶瓷论集[M]. 北京:故宫出版社,2013.

2. 白瓷茶具

我国白瓷最早出现于北朝,成熟于隋代。唐代盛行饮茶,民间使用的茶器以越窑青瓷和邢窑白瓷为主,形成了陶瓷史上著名的南青北白的对峙格局。唐代诗人皮日休《茶瓯》诗有“邢客与越人,皆能造瓷器,圆似月魂堕;轻如云魄起,枣花似旋眼,苹沫香沾齿,松下时一看,支公亦如此”之说。白瓷,早在唐朝就有“假白玉”之称,并“天下无贵贱通用之”。唐朝还出现茶托子,既有避免烫手的实用价值,还增加了茶碗的装饰性,给人以庄重感。越窑所出的荷叶边盏托,造型端庄秀丽,风姿绰约,是茶具的精品。在北宋,景德窑生产的瓷器,质薄光润,白里泛青,雅致悦目。到了元代,江西景德镇出品的白瓷茶具以其“白如玉、明如镜、薄如纸、声如磬”的优异品质而蜚声海内外。景德镇的白

瓷彩绘茶具，造型新颖、清丽多姿；釉色娇嫩，白里泛青；质的莹澈，冰清玉洁。其外壁多绘有山川河流、四季花草、飞禽走兽、人物故事，或缀以名人书法，又颇具艺术欣赏价值，所以使用最为普遍。

白瓷以江西景德镇为最著名，其次如湖南醴陵、河北唐山、安徽祁门等地的白瓷茶具也各具特色。

3. 黑瓷茶具

黑瓷茶具，始于晚唐，鼎盛于宋，延续于元，衰微于明、清。这是因为自宋代开始，饮茶方法已由唐时煎茶法逐渐改变为点茶法，而宋代流行的斗茶，又为黑瓷茶具的崛起创造了条件。宋代最受文人欢迎的茶具，并不产于五大名窑，大多是产于福建建州窑的黑瓷。这是因为宋人斗茶之风盛行，茶汤呈白色，而“斗茶”茶面泛出的茶汤更是纯白色，建盏的黑釉与雪白的汤色，相互映衬，黑白分明，斗茶效果更为明显。这种建盏在宋元时流入日本，被称为天目碗，至今仍可以在日本茶道中见到踪迹。宋蔡襄《茶录》说：“茶色白，宜黑盏，建安所造者绀黑，纹如兔毫，其坯微厚，熁之久热难冷，最为要用。出他处者，或薄或色紫，皆不及也。其青白盏，斗试家自不用。”这种黑瓷兔毫茶盏，风格独特，古朴雅致，而且磁质厚重，保温性能较好，故为斗茶家所珍爱。

三、竹木茶具

用竹或木制成的茶具。采用车、雕、琢、削等工艺，将竹木制成茶具。竹茶具大多为用具，如竹夹、竹瓢、茶盒、茶筛、竹灶等；木茶具多用于盛器，如碗、涤方等。竹木茶具，古代有之。竹木茶具形成于中唐，陆羽在《茶经·四之器》中开列的29件茶具，多数是用竹木制作的。宋代沿袭，并发展用木盒贮茶。明清两代饮用散茶，竹木茶具种类减少，但工艺精湛，明代竹茶炉、竹架、竹茶笼及清代的檀木锡胆贮茶盒等传世精品均为例证。近代和现代的竹木茶具趋向于工艺和保健。在少数民族地区，竹木茶具仍占有一定位置，云南哈尼族、傣族的竹茶筒、竹茶杯，西藏藏族和蒙古族的木碗，布朗族的鲜粗毛竹煮水茶筒均是。竹木茶具轻便实用，取材容易，制作方便，对茶无污染，对人体又无害，因此，自古至今，一直受到茶人的欢迎。其产品出自竹木之乡，遍布全国。

四、玻璃茶具

玻璃，古人称之为流璃或琉璃，实是一种有色半透明的矿物质。用这种材料制成的茶具，能给人以色泽鲜艳，光彩照人之感。因此，用它制成的茶具，形态各异，用途广泛，加之价格低廉，购买方便，而受到茶人好评。在众多的玻璃茶具中，以玻璃茶杯最为常见，用它泡茶，茶汤的色泽、茶叶的姿色，以及茶叶在冲泡过程中的沉浮移动，都尽收眼底，观之赏心悦目，别有风趣。因此，用来冲泡各种细嫩名优茶，最富品赏价值，家居待客，不失为一种好的饮茶器皿。但玻璃茶杯质脆，易破碎，比陶瓷烫手，是美中不足。

五、漆器茶具

漆器茶具始于清代，主要产于福建福州一带。漆器茶具较有名的有北京雕漆茶具、福州脱胎茶具、江西鄱阳等地生产的脱胎漆器等，均具有独特的艺术魅力。其中，尤为福建生产的漆器茶具多姿多彩，有“宝砂闪光”“金丝玛瑙”“仿古瓷”“雕填”等品种，特别是创造了红如宝石的“赤金砂”和“暗花”等新工艺以后，更加鲜丽夺目，逗人喜爱。漆器茶具具有轻巧美观，色泽光亮，能耐温、耐酸的特点。这种茶器具更具有艺术品的功用。

六、金属茶具

金属茶具是指由金、银、铜、铁、锡等金属材料制作而成的器具。从出土文物考证，茶具从金银器皿中分化出来约在中唐前后，陕西扶风县法门寺塔基地宫出土的大量金银茶具，有银金花茶碾、银金花茶罗子、银茶则、银金花鎏金龟形茶粉盒等可为佐证，唐代金银茶具为帝王富贵之家使用。但从宋代开始，古人对金属茶具褒贬不一。元代以后，特别是从明代开始，随着茶类的创新，饮茶方法的改变，以及陶瓷茶具的兴起，才使包括银质器具在内的金属茶具逐渐消失，尤其是用锡、铁、铅等金属制作的茶具，用它们来煮水泡茶，被认为会使“茶味走样”，以致很少有人使用。但用金属制成贮茶器具，如锡瓶、锡罐等，却屡见不鲜。这是因为金属贮茶器具的密闭性要比纸、竹、木、瓷、陶等好，具有较好的防潮、避光性能，这样更有利于散茶的保藏。

第二节　紫砂茶具

一、紫砂茶具——紫泥清韵

紫砂茶具起始于宋，盛于明清，流传至今。自古以来，宜兴紫砂，冠绝一时，文人墨客，情有独钟。北宋梅尧臣诗云：“小石冷泉留早味，紫泥新品泛春华。”欧阳修也有“喜共紫瓯吟且酌，羡君潇洒有余情”的诗句，说明紫砂茶具在北宋刚开始兴起。1976年7月，在宜兴市丁蜀镇羊角山的古窑中，考古人员发掘出大量早期紫砂残片。残片复原出的器物大部分为壶，判其年代不早于北宋中期。残片的出土，印证了宜兴紫砂始于北宋的说法。明代中叶以后，逐渐形成了集造型、诗词、书法、绘画、篆刻、雕塑于一体的紫砂艺术。

(一)紫砂泥——果备五色,烂若披锦

1. 泥中泥

土是有生之母,陶为人所化装,
陶人与土配成双,天地阴阳酝酿。
水、火、木、金协调,宫、商、角、徵交响,
汇成陶海叹汪洋,真是森罗万象。

——郭沫若

在这陶人与土配成双的陶瓷王国中,应该有宜兴紫砂陶人的工夫和贡献。“人间珠玉安足取,岂如阳羡溪头一丸土”,这是王文柏《陶器行赠陈鸣远》诗中的一句。“阳羡”是江苏宜兴的古名,“一丸土”是天下闻名的紫砂壶的原料——紫砂泥,有“泥中泥”之美誉。主要产地在宜兴的丁蜀镇,它坐落于丁山和蜀山,从宋代此地就是家家制陶、户户捣泥的陶艺世界。

关于紫砂陶的发现,伴随着一个美丽的传说:“相传壶土初出用时,先有异僧经行村落,口呼曰‘卖富贵’,土人群嗤之。僧曰:‘贵不要买,买富如何?’因引村叟,指山中产土之穴。去及发之,果备五色,烂若披锦。”这种五彩斑斓的泥土,被誉为“五色之土”。这些泥土黏中带砂,分为紫色(砂泥)、橘色(黄泥)、红色(原泥)、奶白色(白泥)、黛色(绿泥)。

紫砂陶之所以能够在宜兴烧出并延续至今,其根本原因就在于丁蜀有“土”。这“土”并不是一般的“瓷土”,它是宜兴特有的一种深埋于地下八九米黄石岩的含铁量高的团粒结构沙石,主要分布在黄龙山、张渚、濮东等地。

制作紫砂壶的主要原料有紫泥(紫砂泥)、绿泥(本山绿泥)和红泥(朱砂泥),统称为“紫砂泥”。丰富的陶土资源深藏在当地的山腹岩层之中,杂于夹泥之层,故有“岩中岩,泥中泥”之称。泥色红而不嫣,紫而不姹,黄而不娇,墨而不黑,质地细腻和顺,可塑性较好,经再三精选,反复锤炼,加工成型,然后放于1 100～1 200℃高温隧道窑内烧炼成陶。由于紫砂泥中主要成分为氧化硅、铝、铁及少量的钙、锰、镁、钾、钠等多种化学成分,

焙烧后的成品呈现出赤似红枫、紫似葡萄、赭似墨菊、黄似柑橙、绿似松柏等色泽，绚丽多彩，变化莫测。

2. 紫砂壶的特点——独领风骚，其来有自

“名壶莫妙于砂，壶之精者又莫过于阳羡”，这是明代文学家李渔对紫砂壶的总评价。宜兴紫砂由于其特殊的材质，紫砂壶具备了以下几个特点。

(1)泡茶不走味(宜茶性)　紫砂是一种双重气孔结构的多孔性材质，气孔微细，密度高。用紫砂壶沏茶，不失原味，且香不涣散，得茶之真香真味。明人文震亨说：“茶壶以砂者为上，盖既不夺香，又无熟汤气。”

(2)抗馊防腐　紫砂壶透气性能好，使用其泡茶不易变味，暑天越宿不馊。

(3)发味留香　紫砂壶能吸收茶汁，壶内壁不刷，沏茶而无异味。紫砂壶经久使用，壶壁积聚“茶锈”，以致空壶注入沸水，也会茶香氤氲，这与紫砂壶胎质具有一定的气孔率有关，是紫砂壶独具的品质。

(4)火的艺术　紫砂陶土经过焙烧成陶，称为“火的艺术”，根据分析鉴定，烧结后的紫砂壶，既有一定的透气性，又有低微的吸水性，还有良好的机械强度，适应冷热急变的性能极佳，即使在百度的高温中烹煮之后，在迅速投放到0℃以下冰雪中或冰箱内，也不会爆裂。

(5)变色韬光　紫砂使用越久，壶身色泽越发光亮照人，气韵温雅。在《茶笺》中说：“摩挲宝爱，不啻掌珠。用之既久，外类紫玉，内如碧云。”《阳羡茗壶系》说：“壶经久用，涤拭口加，自发黯然之光，入可见鉴。”

(6)可赏可用　在艺术层面上，紫砂泥色多彩，且多不上釉，通过历代艺人的巧手妙思，便能变幻出种种缤纷斑斓的色泽、纹饰来，加深了其艺术性。成型技法变化万千，造型上的品种之多，堪称举世第一。

(7)艺术传媒　紫砂茶具透过“茶”，与文人雅士结缘，并进

而吸引到许多画家、诗人在壶身题诗、作画，寓情写意，此举使得紫砂器的艺术性与人文性得到进一步提升。随着实用价值与艺术价值的兼备，自然也提高了紫砂壶的经济价值，紫砂壶的身价“贵重如珩璜”，甚至超过珠宝。由于上述的心理、物理、艺术、文化、经济等因素作为基础，宜兴紫砂茶具数百年来能受到人们的喜爱与重视，可谓是独领风骚，其来有自。

(二)壶与人——紫砂风情

1. 紫砂壶起源

金沙泉畔金沙寺，白足禅僧去不还。
此日蜀岗千万穴，别传薪火祀眉山。

——清·吴骞

宜兴妙手数供春，后辈还推时大彬。
一种粗砂无土气，竹炉馋煞斗茶人。

——清·吴冲之

这两首清诗，形象地概括了紫砂壶的起源、发展及相关的人文特征。

根据明人周高起《阳羡茗壶录》的“创始”篇记载，紫砂壶首创者，相传是明代宜兴金沙寺一个不知名的寺僧，他选紫砂细泥捏成圆形坯胎，加上嘴、柄、盖，放在窑中烧成。“正始篇”又记载，明代嘉靖、万历年间，出现了一位卓越的紫砂工艺大师——供春(龚春)。供春幼年曾为进士吴颐山的书童。他在金沙寺伴读时，收集寺僧洗手时洗下的细泥，别出心裁地捏出几把“指螺纹隐起可按”的茗壶，即后来如同拱璧的“供春壶”。

大约 20 世纪 20 年代，储南强先生在苏州地摊“邂逅”供春壶，于是便把它买回。曾有一位英国人出“两万金”要他转让，但被储老拒之门外，表现了中国文物收藏家的大义凛然的精神。新中国成立以后，储老将其珍藏捐献给博物院，现藏中国国家博物馆。如图 5-2 所示。

图 5-2　树瘿壶(供春)

来源:贾红文,赵艳红.茶文化概论与茶艺实训[M].北京:清华大学出版社,2010.

2.明代紫砂名家壶艺

瓷壶小样最宜茶,甘饮浓浮碧乳花。
三大一时传旧系,长教管领小心芽。

——清·周春《阳羡名陶录题辞》

明代中晚期,宜兴紫砂正式形成较完整的工艺体系,这时紫砂已从日用陶器中独立出来,在工艺上讲究规正精巧,名工辈出,已形成一支专业工艺队伍。所制茗壶进入宫廷,输出国外。"宜兴陶都"声誉日隆,正是此时,逐渐奠定基础。明代出现紫砂四大家:董翰、赵梁、元畅、时朋。当时陶肆流行一句民谣:"壶家妙手称三大。"三大就是时大彬、李仲芳、徐友泉。也有人把时朋算进去,称作"三大一时"。从四大家到三大妙手,表示明代紫砂茗壶已经从初创走向成熟。时大彬是明代制壶大师。时朋之子。万历年间宜兴人。制壶严谨,讲究古朴,壶上有"时"或"大彬"印款,备受推崇,人称"时壶"。有诗曰:"千奇万状信出手","宫中艳说大彬壶"。始仿供春制大茶壶,后改制小型茶壶,传世之作有提梁壶(图 5-3)、扁壶、僧帽壶等。代表作有"三足圆壶""六方紫砂壶""提梁紫砂壶"等。

图 5-3 提梁壶(时大彬)

来源:贾红文,赵艳红.茶文化概论与茶艺实训[M].北京:清华大学出版社,2010.

3.清代紫砂名家壶艺

李杜诗篇万口传,至今已觉不新鲜。
江山代有才人出,各领风骚数百年。

——清·赵翼《闲居读书作六首》

清代是紫砂进一步繁荣的时期,阳羡丁山、蜀山等紫砂传统产地空前繁荣,清人朱琰《陶说》中曾形容过,当时丁山和蜀山两地是"家家做坯,户户业陶"。在选料、配色、造型、烧制、题材、纹饰及工具等各个方面,都比明代精进。尤其在清中期以后,形制、诗词、书画、金石、雕塑融为一体,文化气息更浓郁,地方特色更强烈、名声更大。清代涌现出许多名家,如王友兰、陈鸣远、华凤翔、陈曼生、杨彭年、邵大亨、邵友兰、邵友廷、黄玉麟等。

陈鸣远是时大彬后一代大师。《阳羡名陶录》称"鸣远一技之能,间世特出。自百余年来,诸家传器日少,故其名尤噪。足迹所至,文人学士争相延揽"。顾景舟也赞美陈鸣远曰:"集明代紫砂传统之大成,历清代康、雍、乾三朝的砂艺名手。个人风格特点:既承袭了明代器物造型朴雅大方的民族形式,又着重发展了精巧的仿生写实技法。他的实践树立了砂艺史的又一个里程碑。”陈鸣远制作的梅桩壶如图 5-4 所示，壶身、流、把、盖全部是用极富生态的残梅桩、树皮及缠枝组成。作品是一件强而有力的雕塑，壶上的梅花是用堆花手法，将有色的泥浆堆积塑造成型，栩栩如生。此壶现藏美国西雅图博物馆。

图 5-4　梅桩壶(陈鸣远)

来源：贾红文，赵艳红．茶文化概论与茶艺实训[M]．北京：清华大学出版社，2010.

陈曼生癖好茶壶，工于诗文、书画、篆刻。在任溧阳知县时，结识了制壶艺人杨彭年、杨凤年兄妹，此后就与紫砂结下了不解之缘。他用文人的审美标准，把绘画的空灵、书法的飘洒、金石的质朴，有机地融入了紫砂壶艺，设计出了一大批另辟蹊径的壶型；或肖状造化，或师承万物(一说 18 种、一说 26 种、一说 38 种)。造型简洁、古朴风雅，文人壶风大盛，“名士名工，相得益彰”的韵味，将紫砂创作导入另一境界。陈曼生设计，杨彭年制作，再由陈氏镌刻书画。其作品世称“曼声壶”，一直为鉴赏家们所珍藏。如图 5-5 所示，为曼生十八式其中的箬笠壶。

4. 近代紫砂名家壶艺

民国初期宜兴陶业一度欣欣向荣，但战乱的阴影却始终挥之不去，最终重创了上海、宜兴的陶业。1937 年抗日战争爆发，宜兴沦陷，“大窑户逃往外地，中小窑户无意经营”。丁蜀窑场受

图 5-5 箬笠壶(彭年曼声)

来源:贾红文,赵艳红.茶文化概论与茶艺实训[M].北京:清华大学出版社,2010.

到严重破坏,社会混乱,民不聊生,陶瓷生产一蹶不振,宜兴陶业几乎到了人亡艺绝的境地。

近代主要制壶大师有程寿珍、俞国良、李宝珍、范鼎甫、汪宝根、冯桂林等。

程寿珍,清咸丰至民国初期宜兴人,擅长制形体简练的壶式。作品粗犷中有韵味,技艺纯熟。所制的“掇球壶”最负盛名,壶是由3个大、中、小的圆球重叠而垒成,故称掇球壶。其造型以优美弧线构成主体,线条流畅,整把壶稳健丰润。曾获1915年美国旧金山“太平洋万国巴拿马博览会”奖状和1917年美国“芝加哥国际赛会”优秀奖。

5.现当代紫砂名家壶艺

兄起扫黄叶,弟起烹秋茶……杯中宣德瓷,壶用宜兴砂。

——清·郑燮《李氏小园三首之三》

进入20世纪中期紫砂生产逐步得到发展。1954年裴石民、朱可心和吴云根等组建紫砂工场,至1958年“宜兴紫砂工艺厂”正式成立,有职工2 067名,先后创制各类壶器运销50多个国家。1974—1977年,紫砂外销市场扩大到欧洲、美洲、澳洲,茶壶、茶具占紫砂出口量的60%。1981年,香港“第六届亚洲艺术节”展出的紫砂壶精品,揭开了当代紫砂大潮的序幕。

20世纪50年代7位著名的紫砂国手分别是任淦庭、裴石民、顾景舟、吴云根、王寅春、朱可心、蒋蓉。

当代最著名的紫砂艺人当首推紫砂业中唯一荣获“中国工艺美术大师”称号的顾景舟老先生。他与紫砂结缘60个春秋，在继承传统的基础上形成了自己独特的艺术风格;浑厚而严谨，流畅而规矩，古朴而雅趣，工精而技巧，散发浓郁的东方艺术特色。对紫砂历史的研究、传器的断代与鉴赏有独到的见解，主编《宜兴紫砂珍赏》。顾老为培养下一代不遗余力，桃李芬芳，是近代紫砂陶艺中最杰出的一位代表，被誉为“壶艺泰斗”“一代宗师”。

(三)紫砂茗壶鉴赏

历史地看紫砂陶的工艺技术鉴赏，主要区分3个层次。

(1)高雅的陶艺层次　它必须是合理有趣、形神兼备、制技精湛、引人入胜、雅俗共赏、使人爱不释手的佳器，方能算得上乘。

(2)工技精致，形式完整　批量复制面向市场的高档次商品。

(3)普通产品　即按地方风俗生活习惯，规格大小不一，形式多样，制技一般，广泛流行于民间的日用品。

顾景舟先生在《简谈紫砂陶艺鉴赏》一文中论述:“抽象地讲，紫砂陶艺审美可总结为:‘形、神、气、态’4个要素。形，即形式之美，是作品的外轮廓，也就是具象的面相;神，即神韵，一种能令人意会体验出精神美的韵味;气，即气质，壶艺所内含的本质的美;态，即形态，作品的高、低、肥、瘦、刚、柔、方、圆的各种姿态。从这几个方面贯通一气才是一件真正完美的好作品。”

二、紫砂壶的结构

目前紫砂茶具的品种已由过去的四五十种增加到600余种。近年来，紫砂茶具有了更大的发展，新品种不断涌现，如专为日本消费者设计的艺术茶具——“横把壶”，按照日本人的爱好，在壶面上倒写精美书法的佛经文字，成为日本消费者的品茗佳具。再如紫砂双层保温杯，具有色香味皆蕴，夏天不易变馊的特性，深受茶客们欢迎。

现代紫砂茶具的造型多种多样，有瓜轮形的、蝶纹形的，还有梅花形、鹅蛋形、流线形等。艺人们采用传统的篆刻手法，把绘画和正、草、隶、篯、篆各种装饰手法施用在紫砂陶器上，使之成为观赏和实用巧结合的产品。

一把传统的紫砂壶，其完整结构组织包括壶身(壶体)、壶嘴、壶盖、壶把、壶底、壶足等方面。其中，壶身是主体，壶嘴、壶盖、壶把、壶底、壶足则是其附件。

1. 壶钮

亦称"的子"，为揭取壶盖而设置。钮虽小，但有"画龙点睛"的作用，变化丰富，是茗壶设计的关键部位。常见有球形钮、桥形钮、仿生钮 3 种。

(1)球形钮　圆壶中最常用的钮，呈珠形、扁笠、柱形，往往取壶身缩小或倒置造型，简洁快捷。

(2)桥形钮　形似拱桥，有圆柱状、方条状、筋文如意状等。作环形设单环、双环，亦称"串盖"。平缓的盖面，环孔硕大的为牛鼻盖。

(3)仿生钮　花塑器常用的钮式，形象生动，造型精致雅妍，如南瓜柄、西瓜柄，葫芦旁附枝叶，造型生泼。

2. 壶嘴

紫砂茗壶的嘴，喻为人的五官之一，它与壶体连接，有明显界限的称"明接"。无明显界限的称"暗接"。如汉扁壶把，壶嘴与壶身的肩线，侧线贯通，形成舒展流畅的造型特色。

(1)一弯嘴　形似鸟啄，俗称"一啄嘴"，一般为暗接处理。

(2)二弯嘴　嘴根部较大，出水流畅，明接和暗接处理均可。

(3)三弯嘴　源于铜锡壶造型，早期壶式使用较多，明接处理较常见。

(4)直嘴　形制简洁，出水流畅，明接和暗接处理都有。壶体孔眼：明代多为独孔，清代中后期为多孔，有三孔、七孔、九孔等。20 世纪 70 年代出口日本的紫砂壶一度用球形孔，其孔要求排列整齐，与嘴对正，并依据嘴形而设置。

3. 壶把(柄)

为便于握持而设置。源于古青铜器爵杯的弧形把。源于瓷执壶条形壶把的称“柄”。壶把置于壶肩至壶腹下端，与壶嘴位置对称、均势。具体可分端把、横把、提梁三大类(图 5-6)。

端把

横把

提梁

图 5-6　壶把

来源：黄木生. 中国茶艺：纪念茶圣陆羽诞辰 1 280 周年[M]. 武汉：湖北科学技术出版社，2013.

(1)端把　亦称“圈把”，其使用方便，变化丰富。把、口、嘴三点呈水平、对称。垂直形式安置，具端庄、安定的效果。

(2)横把　源于砂锅之柄，以圆筒形壶居多。

(3)提梁　从铜器及其他器形吸取而来的壶式，除提梁的大小与壶体协调外，其高度以手提时不碰到壶盖的钮为宜，有硬提梁、软提梁两种，光素器、花塑器都有，变化丰富。

4. 壶盖

紫砂壶以其里外都不施釉的特点，盖与壶体能一起烧制，以达到成品壶盖直紧、通转、防尘、保温的要求和作用。主要形式有压盖、嵌盖、截盖三种(图 5-7)。

(1)压盖　亦称“完盖”。壶盖覆压于壶口之上的样式，其边缘有方线和圆线两种，均与壶口相呼应。与口置平的泥片称“座片”，弯起泥片为“虚片”，壶口泥片称“坨子”，壶墙的泥圈为“子口”，几个部位及转折过渡用脂泥镶接，润合贴切、浑然天成。壶盖稍大于壶口之外径的俗称“天压地”，以适应功能和视觉的要求。

(2)嵌盖　嵌盖是壶盖嵌于壶口内的样式，并与壶身融于一体。有平嵌盖与虚嵌盖之分，能达到“准缝如纸、发之隙”者属上

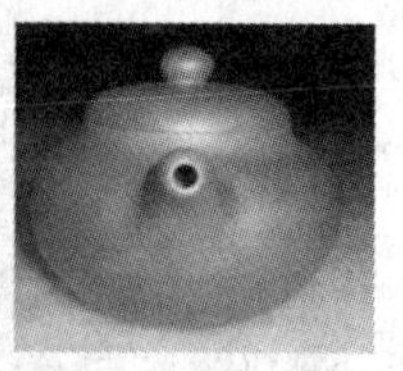
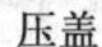

压盖　　嵌盖　　截盖

图 5-7　壶盖

来源：黄木生.中国茶艺：纪念茶圣陆羽诞辰 1 280 周年[M].武汉：湖北科学技术出版社，2013.

品。平嵌盖口与壶口呈同一平面，制作时在同一泥片中切出，故收缩一致，仅有“纸、发之隙”，有圆形、方形、异形、树桩形等。虚嵌盖与壶口呈弧形或其他形状，形制规整。口部以装饰线处理，有直口、瓢口、雌雄片口等结构，与平嵌盖手法相似，以严密、精缝、通转为上。

(3)截盖　这是紫砂壶特有的一种壶盖形式，以壶整体截取一段作壶盖而故名。其特点是简洁、流畅、明快、整体感强。制成后盖与口不仅大小合适，而且外轮廓线互相吻接，丝严合缝，故技术要求较高。有截盖、克截盖、嵌截盖之分。

5. 壶底

壶底足也是构成造型的一个主要部分，底足的尺度和形式处理，直接影响造型视觉的美观。壶底大致可分为一捺底、加底(足圈)、钉足三种(图 5-8)。粘接制作方式有明接、暗接两种。直方挺直造型的壶宜用明接，圆韵浑朴的造型宜用暗接处理。

(1)一捺底　是指壶体自然结束，形成一个平面的器足类型。为了搁放平稳，壶的底部会向内凹进。一捺底多用于圆形紫砂壶。

(2)加底　是指在紫砂壶的底部额外再加制一个圈底的器足类型。加底是为了使壶形更美观、更精致，多见于矮壶。

(3)钉足　是指在紫砂壶底部加制钉形底的器足类型。钉足有三足钉和四足钉之分，适用于口小底大的壶，目的是使器形不呆板，趋向活泼，搁放平稳。

图 5-8　壶底

来源：黄木生. 中国茶艺：纪念茶圣陆羽诞辰 1 280 周年[M]. 武汉：湖北科学技术出版社，2013.

三、紫砂壶经典壶形

1. 西施壶

西施壶是紫砂壶器众多款式中最经典、最传统、最受人喜爱的壶型之一（图 5-9）。西施壶壶身圆润，截盖，短嘴，倒把，憨态可掬，实为品茗把玩的佳品。此壶型壶盖与壶身结合为圆球体，壶盖上有圆球形壶钮衬托，再加上特殊的倒把与小短的壶嘴，就形成了世人喜爱的西施壶，西施壶看似简约，实为严谨，好似浑然天成。此壶是紫砂爱好者必收的壶型。

图 5-9　西施壶

来源：黄木生. 中国茶艺：纪念茶圣陆羽诞辰 1 280 周年[M]. 武汉：湖北科学技术出版社，2013.

2.仿古如意壶

仿古如意壶的壶把和壶嘴线形流畅,壶盖有拱桥式衬托,特别是壶身有特别的如意花纹,形成了一种特殊的风格,此壶形成于明朝,流传数百年,经典不朽,深受壶友喜爱(图 5-10)。

图 5-10 仿古如意壶

来源:黄木生.中国茶艺:纪念茶圣陆羽诞辰 1 280 周年[M].
武汉:湖北科学技术出版社,2013.

3.报春壶

报春原意就是立春前一日以及立春当日,让人扮演成春官、春吏或春神的样子,在街市上高声喧叫"春来了"将春天来临的消息报告给邻里乡亲(图 5-11)。报春民俗的另一层用意在于把春天和句芒神接回来。紫砂工艺师根据这一民间风俗,凭靠大胆的想象和高超的设计水平制作出了报春壶。报春壶的壶盖、壶把和壶嘴以树木为形,壶身却为圆坛形,恰恰显示出报春壶美丽逼真。特别是壶嘴像劲松一样向上傲立,代表着松树的顽强生命力和不屈不挠的精神,同时也代表春天的到来和大地复苏,树木伸开枝干迎接春天。报春壶从古至今都受到文人墨客的喜爱。

图 5-11　报春壶

来源:朱可心

4. 石瓢壶

石瓢壶是紫砂传统经典造型(图 5-12)。溯源历史,有相关资料和实物佐证,当在清代乾、嘉年间。历代名家制作较多,但每人风格各异,其品种主要有高石瓢、矮石瓢、子冶石瓢。

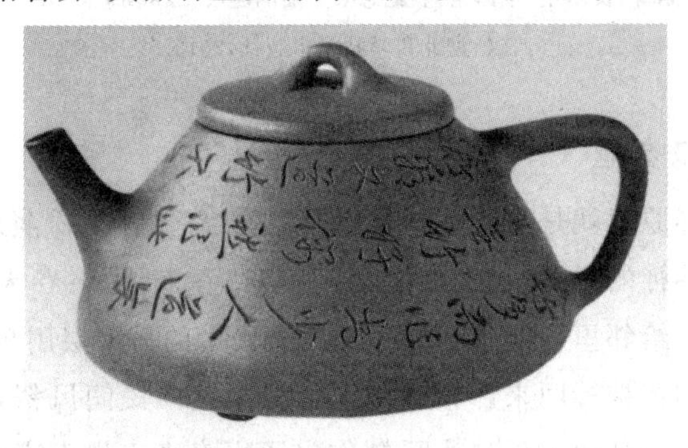

图 5-12　石瓢壶

来源:李建泉. 赏玩系列丛书:紫砂壶[M].
北京:现代出版社,2015.

5. 井栏壶

井栏壶是水井四壁用“井”字形木架从下而上垒成,用来保护井壁使其不塌陷,而凸出地表的则是井栏(图 5-13)。紫砂工艺师按照井栏的轮廓制作成了井栏壶，井栏壶方中有圆，圆中有方，壶形简约美观，显得流畅大气，深受人们的喜爱。

图 5-13 井栏壶

来源：把玩艺术工作室. 紫砂壶把玩艺术[M]. 北京：现代出版社，2015.

6. 仿古壶

仿古壶为前人制作，经过数百年后传承到今天，此壶壶颈浑圆、敦实，与下压的壶肩形成缓冲；壶体较大，位置矮、扁、沉。壶口沿宽大，子母线严丝合缝，密不透气。壶盖扁、满，壶钮扁圆，备受紫砂爱好者的青睐（图 5-14）。

图 5-14 仿古壶

来源：毛大步. 紫砂壶鉴赏与收藏[M]. 上海：上海科学技术出版社，2013.

7. 掇球壶

掇球壶以大、中、小 3 个球体重叠而成，壶身为大球，壶盖为中球，壶钮为小球，似小球掇于大球上，故称掇球壶，按黄金分割比例巧妙布局安排，3 个圆球均衡、和谐、对比、匀正，利用点线

面的巧妙组合，利用各种线形的有机结合，达到形体合理，构成后珠圆玉润的完美性。掇球壶是紫砂壶中最受欢迎的款式之一（图 5-15）。

图 5-15　掇球壶

来源：把玩艺术工作室. 紫砂壶把玩艺术[M]. 北京：现代出版社，2015.

8. 龙旦壶

龙旦（龙蛋）壶是紫砂壶众多款式中一款经典壶型，此壶整个壶身与壶盖结合为椭圆体，最顶点有一小圆球衬托，壶把为传统形态，紫砂工艺师在制作时会在壶身刻绘，显示出一种儒雅品味。龙旦为紫砂壶中一款造型极其简约的传统壶形，显示出光器紫砂壶的美观，一直深受紫砂爱好者的青睐（图 5-16）。

图 5-16　龙旦壶

源：浙江省博物馆，长兴县博物馆. 紫玉金砂[M]. 北京：中国书店，2012.

9. 竹段壶

竹段壶是利用色泥和塑形，营造出竹子的高风亮节精神气质。此壶的创造是艺术思想和精神的完美结合，寓意玩壶之人品位和格调如同竹子一样被人称赞(图 5-17)。

图 5-17 竹段壶

来源：读图时代. 紫砂壶器形识别图鉴[M].

北京：中国轻工业出版社，2007.

第三节 茶具选配

明代许次纾《茶疏》有言："茶滋于水，水籍于器，汤成于火，四者相负，缺一则废。"强调了茶、水、器、火四者的密切关系。古往今来，大凡讲究品茗情趣的人，都注重品茶韵味，崇尚意境高雅，强调"壶添品茗情趣，茶增壶艺价值"。认为好茶好壶，犹似红花绿叶，相映生辉。对一个爱茶人来说，不仅要会选择好茶，还要会选配好茶具。

一、因茶选具

唐代，人们喝的是饼茶，茶须烤炙研碎后，再经煎煮而成，这种茶的茶汤呈"淡红"色。一旦茶汤倾入瓷茶具后，汤色就会因瓷色的不同而起变化。陆羽从茶叶欣赏的角度，提出了"青则益茶"，认为以青色越瓷茶具为上品。越瓷为青色，倾入"淡红"色的茶汤，呈绿色。

宋代，饮茶习惯逐渐由煎煮改为"点注"，团茶研碎经"点注"

后，茶汤色泽已近“白色”。宋代蔡襄特别推崇“绀黑”的建安兔毫盏。

明代，人们已由宋代的团茶改饮散茶。明代初期，饮用的芽茶、茶汤已由宋代的“白色”变为“黄白色”，这样对茶盏的要求当然不再是黑色了，而是时尚“白色”。明代张源的《茶录》中也写道：“茶瓯以白磁为上，蓝者次之。”明代中期以后，瓷器茶壶和紫砂茶具的兴起，使茶汤与茶具色泽不再有直接的对比与衬托关系。人们饮茶注意力转移到茶汤的韵味上来了，主要侧重在“香”和“味”，追求壶的“雅趣”。强调茶具选配得体，才能尝到真正的茶香味。

清代以后，茶具品种增多，形状多变，色彩多样，再配以诗、书、画、雕等艺术，从而把茶具制作推向新的高度。一般来说，重香气的茶叶要选择硬度较大的壶，如瓷壶、玻璃壶。绿茶类、轻发酵的包种茶类比较重香气；品饮碧螺春、君山银针、黄山毛峰、龙井等细嫩名茶，则用玻璃杯直接冲泡最为理想。重滋味的茶要选择硬度较低的壶，如陶壶、紫砂壶。乌龙茶类是比较重滋味的茶叶，如铁观音、岩茶、单枞等。

俗话说“老茶壶泡，嫩茶杯冲”。这是因为较粗老的老叶，用壶冲泡，一则可保持热量，有利于茶叶中的水浸出物溶解于茶汤，提高茶汤中的可利用部分；二则较粗老茶叶缺乏观赏价值，用来敬客，不大雅观，这样，还可避免失礼之嫌。而细嫩的茶叶，用杯冲泡，一目了然，同时可收到物质享受和精神欣赏之美。

二、因地选具

各地饮茶习惯、茶类及自然气候条件不同，茶具可以灵活运用。如东北、华北一带，多数都用较大的瓷壶泡茶；江苏、浙江一带除用紫砂壶外，一般习惯用有盖的瓷杯直接泡饮；四川一带则喜用瓷制的盖碗杯；福建及广东潮州、汕头一带，习惯于用小杯啜乌龙茶，故选用“烹茶四宝”——潮汕风炉、玉书碨、孟臣罐、若琛瓯泡茶，以鉴赏茶的韵味。潮汕风炉是一只缩小了的粗陶炭炉，专作加热之用；玉书碨是一把缩小了的瓦陶壶，高柄长嘴，架在风炉之上，专作烧水之用；孟臣罐是一把比普通茶壶小一些的紫砂壶，专作泡茶之用；若琛瓯是只有半个乒乓球大小的24只小茶杯，每只只能容纳4 mL茶汤，专供饮茶之用。小杯啜乌龙，与其说是解渴，还不如说是闻香玩味。这种茶具往往又被看作是一种艺术品。至于我国边疆少数民族地区，至今多习惯于用碗喝茶，古风犹存。茶具的优劣，对茶汤的质量和品饮者的心情都会产生显著的影响。因为茶具既是实用品，又是观赏品，同时也是极好的馈赠品。

三、茶具的色泽搭配

茶具的色泽主要指制作材料的颜色和装饰图案花纹的颜色，通常可分为冷色调与暖色调两类。冷色调包括蓝、绿、青、白、黑等色，暖色调包括黄、橙、红、棕等色。茶具色泽的选择主要是外观颜色的选择搭配，其原则是要与茶叶相配。饮具内壁以白色为好，能真实反映茶汤色泽与明亮度。同时，应注意一套茶具中壶、盅、杯等的色彩搭配，再辅以船、托、盖置，做到浑然一体。如以主茶具色泽为基准配以辅助用品，则更是天衣无缝。各种茶类适宜选配的茶具色泽大致如下。

(1)名优绿茶　透色玻璃杯，应无色、无花、无盖；或用白瓷、青瓷、青花瓷无盖杯。

(2)花茶　青瓷、青花瓷等盖碗、盖杯、壶杯具。

(3)黄茶　奶白或黄釉瓷及黄橙色壶杯具、盖碗、盖杯。

(4)红茶　内挂白釉紫砂、白瓷、红釉瓷、暖色瓷的壶杯具、盖杯、盖碗或咖啡壶具。

(5)白茶　白瓷及内壁有色黑瓷。

(6)乌龙茶　紫砂壶杯具，或白瓷壶杯具、盖碗、盖杯。

四、茶具选购

1. 瓷器茶具

选购瓷器茶具，除考虑价格因素外，对瓷器本身要仔细察

看;器形是否周正,有无变形;釉色是否光洁,色度一致,有无砂钉、气泡眼、脱釉等。如果青花或彩绘则看其颜色是否不艳不晦,不浅不深,有光泽(浅则过火,深则火候不够;艳则颜色过厚,晦则颜色过薄)。最后要提起轻轻弹叩,再好的瓷器有裂纹便会大打折扣。

2. 紫砂壶

一把好的紫砂壶应在实用性、工艺性和鉴赏性三方面获得肯定。应具备造型美、材质美、适用美、工艺美和品位美。

(1)实用第一　容量大小需合己用,口盖设计合理,茶叶进出方便,重心要稳,端拿要顺手,出水要顺畅,断水要果快。此点是大部分茶壶不易顾及的。好壶出水刚劲有力,弧线流畅,水束圆润不打麻花。断水时,即倾即止,简洁利落,不流口水,并且倾壶之后,壶内不留残水。紫砂壶与别的艺术品最大的区别,就在于它是实用性很强的艺术品,它的“艺”全在“用”中“品”,如果失去“用”的意义,“艺”亦不复存在。所以,千万不能忽视壶的功能美。

(2)工艺技巧　嘴、钮、把三点一线;口盖要严紧密合;壶身线面修饰平整、内壁收拾利落,落款明确端正;胎土要求纯正,火度要求适当。

(3)鉴赏性　紫砂壶已和中国几千年的茶文化联系在一起,成为受人青睐的国粹,在我国港台地区和东南亚一带,收藏名壶已成了人们精神享受上的一种乐趣。

《茗壶图录》中把紫砂壶比作人:“温润如君子者有之,豪迈如丈夫者有之,风流如词客,丽娴如佳人,葆光如隐士,潇洒如少年,短小如侏儒,朴讷如仁人,飘逸如仙子,廉洁如高士,脱俗如衲子者有之。”紫砂壶具有灵性壶格,是真正懂得的人都认同的。所以,饮茶、赏壶不但是生活的享受,同时也是一种生活艺术。

小知识:

1.如何用新壶(整修内部、去蜡醒壶)

新壶在使用之前,需要处理,这个过程就叫开壶。开壶也有好多种方法,下面介绍一种——水煮法。取一干净无杂味的锅,将壶盖与壶身分开置于锅底,徐注清水使高过壶身,以文火慢慢加热至沸腾。此步骤应注意壶身和水应同步升温加热,待水沸腾之后,取一把茶叶(通常采用较耐煮的重焙火茶叶)投入熬煮,数分钟后捞起茶渣,砂壶和茶汤则继续以小火慢炖。等二三十分钟后,以竹筷小心将茶壶起锅,静置退温(勿冲冷水)。最后再以清水冲洗壶身内外,除尽残留的茶渣,即可正式启用。

这种水煮法的主要功能除了去蜡醒壶外,亦可让壶身的气孔结构借热胀冷缩而释放出所含的土味及杂质。若施行得宜,将有助于日后泡茶养壶。

2.如何养壶

在养壶的过程中要始终保持壶的清洁,尤其不能让紫砂壶接触油污,保证紫砂壶的结构通透;在冲泡的过程中,先用沸水浇壶身外壁,然后再往壶里冲水,也就是常说的“润壶”;常用棉布擦拭壶身,不要将茶汤留在壶面,否则久而久之壶面上会堆满茶垢,影响紫砂壶的品相;紫砂壶泡一段时间要有“休息”的时间,一般要晾干三五天,让整个壶身(中间有气孔结构)彻底干燥。

养壶是茶事过程中的雅趣之举,其目的虽在于“器”,但主角仍是“人”。养壶即养性也。“养壶”之所以曰“养”,正是因其可“怡情养性”也。

❊ 第六章　茶艺礼仪

第一节　茶艺服务人员的礼仪

一、茶艺服务基本姿势

(一)基本站姿

1. 基本站姿要领

双脚并拢,身体挺直,大腿内侧肌肉夹紧,收腹,提臀,立腰,挺胸,双肩自然放松,头上顶,下颌微收,眼平视,面带微笑。

2. 站姿训练

(1)两人一组背靠背站立,两人背部中间夹一张纸。要求两人脚跟、臀部、双肩、背部、后脑勺贴紧,纸不能掉下来。每次训练 10～15 min。

(2)单人靠墙站立,要求脚跟、臀部、双肩、背部、后脑勺贴紧墙面,同时将右手放到腰与墙面之间,用收腹的力量夹住右手。每次训练 10～15 min。

(3)用顶书本的方法来练习。头上顶一本书,为使书本不掉下来,就会自然地头上顶、下颌微收,眼平视,身体挺直。基本站姿如图 6-1 所示。

(a)站姿正面观

(b)站姿侧面观

图 6-1 站姿

(二)基本坐姿

1.基本坐姿要领

入座要轻而稳，坐在椅子或凳子的 1/2 或 2/3 处，使身体重心居中。女士着裙装要先轻拢裙摆，而后入座。入座后，双目平视，微收下颌，面带微笑；挺胸直腰、两肩放松。双膝、双脚、脚跟并拢，双手自然地放在双膝上或椅子的扶手上。全身放松，姿态自然、安详舒适，端正稳重。

2.坐姿训练

(1)练习入座要从左侧轻轻走到座位前，转身后右脚向后撤半步，从容不迫地慢慢坐下，然后把右脚与左脚并齐。离座时右脚向后收半步，而后起立。

(2)坐姿可在教室或居室随时练习，坚持每次 10～20 min。

(3)女士坐姿切忌两膝盖分开，两脚呈八字形；不可两脚尖朝内，脚跟朝外，两脚呈内八字形；坐下要保持安静，忌东张西望；双手可相交搁在大腿上，或轻搭在扶手上，但手心应向下。

基本坐姿如图 6-2 所示。

(a)坐姿正面观

(b)坐姿侧面观

图 6-2　基本坐姿

来源：贾红文，赵艳红. 茶文化概论与茶艺实训[M]. 北京：清华大学出版社，2010.

(三)基本行姿(走姿)

1. 行姿要领

双目向前平视，微收下颌，面带微笑；双肩平稳，双臂自然摆动，摆幅在30°～35°为宜；上身挺直，头正扩胸，收腹，立腰，重心稍前倾；行走时移动双腿，跨步脚印为一条直线，脚尖应向着正前方，脚跟先落地，脚掌紧跟落地；步幅适当，一般应该是前脚脚跟与后脚脚尖相距一脚之长；上身不可扭动摇摆，保持平稳。

良好的步态应该是轻盈自如、矫健协调，敏捷而富有节奏感。

2. 行姿训练

(1)双肩双臂摆动训练　身体直立，以身体为柱，以肩关节为轴向前摆30°，向后摆至不能摆动为止。纠正肩部过于僵硬和双臂横摆。

(2)走直线训练　找条直线，行走时两脚内侧落在该线上，证明走路时两只脚的步位基本正确。纠正内外八字脚和步幅过大或过小。

(3)步度与呼吸应配合成规律的节奏　穿礼服、裙子或旗袍时，步度不可过大，应轻盈优美。若穿长裤步度可稍大些，会显得生动些，但最大步幅也不可超过脚长的1.6倍。

基本行姿如图6-3所示。

(a)行姿正面观

(b)行姿侧面观

图6-3 基本行姿

来源：贾红文，赵艳红.茶文化概论与茶艺实训[M].北京：清华大学出版社，2010.

(四)鞠躬

鞠躬礼源自中国，指弯曲身体向尊贵者表示敬重之意，代表行礼者的谦恭态度。礼由心生，外表的身体弯曲，表示了内心的谦逊与恭敬。目前在许多亚洲国家，鞠躬礼已成为常用的人际交往礼节。

鞠躬礼是茶艺活动中常用的礼节，茶道表演开始和结束，主客均要行鞠躬礼。鞠躬礼有站式、坐式和跪式三种。根据鞠躬的弯腰程度可分为真、行、草3种。“真礼”用于主客之间，“行礼”用于客人之间，“草礼”用于说话前后。

1.站式鞠躬礼动作要领

以站姿为预备，左脚先向前，右脚靠上，左手在里，右手在

外，四指合拢相握于腹前。然后将相搭的两手渐渐分开，平贴着两大腿徐徐下滑，手指尖触至膝盖上沿为止，同时上半身平直弯腰，弯腰下倾时作吐气，身直起时作吸气。弯腰到位后略作停顿，表示对对方真诚的敬意，再慢慢直起上身，表示对对方持续的敬意，同时手沿腿上提，恢复原来的站姿。行礼时的速度要尽量与别人保持一致，以免出现不协调感。“真礼”要求头、背与腿呈 90°的弓形（切忌只低头不弯腰，或只弯腰不低头），“行礼”要领与“真礼”同，仅双手至大腿中部即行，头、背与腿约呈 120°的弓形。“草礼”只需将身体向前稍作倾斜，两手搭在大腿根部即可，头、背与腿约呈 150°的弓形。

站式鞠躬如图 6-4 至图 6-6 所示。

(a)站式鞠躬真礼正面观

(b)站式鞠躬真礼侧面观

图 6-4　站式鞠躬（真礼）

2. 坐式鞠躬礼动作要领

若主人是站立式，而客人是坐在椅（凳）上的，则客人用坐式答礼。“真礼”以坐姿为准备，行礼时，头和身前倾约 45°，双臂自然弯曲，手指自然并拢，双手掌心向下，自然平放于双膝上，弯腰到位后稍作停顿，慢慢将上身直起，恢复坐姿。“行礼”时头身前

(a)站式鞠躬行礼正面观

(b)站式鞠躬行礼侧面观

图 6-5　站式鞠躬（行礼）

(a)站式鞠躬草礼正面观

(b)站式鞠躬草礼侧面观

图 6-6　站式鞠躬(草礼)

来源：贾红文，赵艳红. 茶文化概论与茶艺实训[M]. 北京：清华大学出版社，2010.

倾小于 45°,将两手移至大腿中部,余同“真礼”。“草礼”时双手轻放于大腿根部,略欠身即可。

坐式鞠躬如图 6-7 所示。

(a)坐式鞠躬真礼

(b)坐式鞠躬行礼

(c)坐式鞠躬草礼

图 6-7　坐式鞠躬

来源:贾红文,赵艳红.茶文化概论与茶艺实训[M].北京:清华大学出版社,2010.

3. 跪式鞠躬礼动作要领

“真礼”以跪坐姿为预备,背、颈部保持平直,上半身向前倾斜,同时双手从膝上渐渐滑下,全手掌着地,两手指尖斜相对,身体倾至胸部与膝间只剩一个拳头的空当(切忌只低头不弯腰或只弯腰不低头),身体呈 45°前倾,稍作停顿,慢慢直起上身。同样,行礼时动作要与呼吸相配,弯腰时吐气,直身时吸气,速度与他人保持一致。“行礼”方法与“真礼”相似,但两手仅前半掌着地(第二手指关节以上着地即可),身体约呈 55°前倾;行“草礼”时仅两手手指着地,身体约呈 65°前倾。

跪式鞠躬如图 6-8 所示。

(a)跪式正面观

(b)跪式侧面观

(c)跪式鞠躬真礼正面观

(d)跪式鞠躬真礼侧面观

(e)跪式鞠躬行礼正面观

(f)跪式鞠躬行礼侧面观

(g)跪式鞠躬草礼正面观

(h)跪式鞠躬草礼侧面观

图 6-8 跪式鞠躬

来源:贾红文,赵艳红.茶文化概论与茶艺实训[M].北京:清华大学出版社,2010.

二、茶艺服务的常用礼节

1. 伸掌礼

这是茶道表演中用得最多的示意礼。当主泡与助泡之间协同配合时，主人向客人敬奉各种物品时都常用此礼，表示的意思为"请""谢谢"。当两人相对时，可伸右手掌对答表示；若侧对时，右侧方伸右掌，左侧方伸左掌对答表示。

伸掌礼动作要领为：五指并拢，手心向上，伸手时要求手略斜并向内凹，手心中要有含着一个小气团的感觉，手腕要含蓄有力，同时欠身并点头微笑，动作要一气呵成。

2. 叩手（指）礼

此礼是从古时中国的叩头礼演化而来的，古时叩头又称叩首，以"手"代"首"，这样，"叩首"为"叩手"所代。早先的叩手礼是比较讲究的，必须屈腕握空拳，叩指关节。随着时间的推移，逐渐演化为将手弯曲，用几个指头轻叩桌面，以示谢忱。

叩手（指）礼动作要领：①长辈或上级给晚辈或下级斟茶时，下级和晚辈必须用双手指作跪拜状叩击桌面两三下；②晚辈或下级为长辈或上级斟茶时，长辈或上级只需用单指叩击桌面两三下表示谢谢；③同辈之间敬茶或斟茶时，单指叩击表示我谢谢你，双指叩击表示我和我先生（太太）谢谢你，三指叩击表示我们全家人都谢谢你。

小知识：

叩手（指）礼的来历

乾隆皇帝微服私访下江南，来到淞江，带了两个太监，到一间茶馆里喝茶。茶馆老板拎了一只长嘴茶吊来冲茶，端起茶杯，茶壶沓啦啦、沓啦啦、沓啦啦一连三洒，茶杯里正好浅浅一杯，茶杯外没有滴水溅出。乾隆皇帝不明其意，忙问："掌柜的，你倒茶为何不多不少洒三下？"老板笑着回答："客官，这是我们茶馆的行规，这叫'凤凰三点头'。"乾隆皇帝一听，夺过老板的茶吊，端起一只茶杯，也要来学学这"凤凰三点头"。这只杯子是太监的，皇帝为太监倒茶，这不是反礼了，在皇宫里太监要跪下来三呼万岁、万岁、万万岁。可是在这三教九流混杂的茶馆酒肆，暴露了身份，这是性命攸关的事啊！当太监的当然不是笨人，灵机一动，弯起食指、中指和无名指，在桌面上轻叩三下，权代行了三跪九叩的大礼。这样“以手代叩”的动作一直流传至今，表示对他人敬茶的谢意。

3. 寓意礼

在长期的茶事活动中，形成了一些寓意美好祝福的礼节动作。在冲泡时不必使用语言，宾主双方就可进行沟通。

常见寓意礼的动作要领如下。

(1)“凤凰三点头” 即用手高提水壶，让水直泻而下，接着利用手腕的力量，上下提拉注水，反复 3 次，让茶叶在水中翻动。寓意是向客人三鞠躬以示欢迎。

(2)回旋注水 在进行烫壶、温杯、温润泡茶、斟茶等动作时，若用右手必须按逆时针方向，若用左手则必须按顺时针方向回旋注水，类似于招呼手势，寓意“来！来！来！”表示欢迎，反之则变成暗示挥手“去！去！去！”的意思。

4. 握手礼

握手强调“五到”，即身到、笑到、手到、眼到、问候到。握手时，伸手的先后顺序为；贵宾先、长者先、主人先、女士先。

握手礼的动作要领；握手时，距握手对象约 1 m 处，上身微向前倾斜，面带微笑，伸出右手，四指并拢，拇指张开与对象相握；眼睛要平视对方的眼睛，同时寒暄问候；握手时间一般在 35 s 为宜；握手力度适中，上下稍许晃动三四次，随后松开手来，恢复原状。握手的禁忌为：①拒绝他人的握手；②用力过猛；③交叉握手；④戴手套握手；⑤握手时东张西望。

5. 礼貌敬语

语言是沟通和交流的工具。掌握并熟练运用礼貌敬语，是提供优质服务的保障，是从事任何一种职业都要具备的基本能力。主要包括问候语、应答语、赞赏语、迎送语等。

(1)问候语　标准式问候用语有:“你好!”“您好!”“各位好!”“大家好!”等。时效式问候语有:“早上好!”“早安!”“中午好!”“下午好!”“午安!”“晚上好!”“晚安!”等。

(2)应答语　肯定式应答用语:“是的”“好”“很高兴能为您服务”“随时为您效劳”“我会尽力按照您的要求去做”“一定照办”等。

(3)赞赏语

①评价式赞赏用语:“太好了”“对极了”“真不错”“相当棒”等。

②认可式赞赏用语:“还是您懂行”“您的观点非常正确”等。

③回应式赞赏用语:“哪里”“我做的不像您说的那么好”等。

(4)迎送语

①欢迎用语:“欢迎光临”“欢迎您的到来”“见到您很高兴”等。

②送别用语:“再见”“慢走”“欢迎再来”“一路平安”等。与客人谈话时,拒绝使用“四语”,即蔑视语、烦躁语、否定语和顶撞语,如“哎……”“喂……”“不行”“没有了”,也不能漫不经心、粗言恶语或高声叫喊等;服务有不足之处或客人有意见时,使用道歉语,如“对不起”“打扰了……”“让您久等了”“请原谅”“给您添麻烦了”等。

三、茶艺人员仪容仪表

(一)不同脸型人的化妆及发型

化妆的目的是突出容貌的优点,掩饰容貌的缺陷。但是茶道要求不过分的化妆,宜化淡妆,使五官比例匀称协调,在化妆时一般以自然为原则,使其恰到好处。

1. 可爱的圆脸

圆脸型给予人可爱、玲珑之感,只是打扮得具有成熟女人优雅的气质不易。所以圆脸女士化妆的要点是遮掩或淡化过圆的脸，并在穿衣打扮时强调优雅与成熟。

(1)化妆　唇膏可在上嘴唇涂成浅浅的弓形。过分白皙的粉底不适合圆脸的女士，粉红色系的粉底比较合适。眉型应选择上挑有折角并较粗而清爽的。

(2)发型　应注意表现轮廓，前额应显得清爽简单，又不能完全露出前额。可用三七开的发型，让头发自然垂下遮住眼侧过宽的脸，使其显得长一些。蓬松的卷发不适合圆形的脸。

2. 成熟的长脸

长脸的女士显得理性。深沉而充满智慧，但是却容易给人老气、孤傲的印象。所以在进行装扮时，应适当强调活泼轻快的风格与柔和的女人味。

(1)化妆　化妆时力求达到的效果应是：增加面部的宽度。胭脂应注意离鼻子稍远些，在视觉上拉宽面部。若想表现自己成熟的风貌，可选用棕色或金色系的眼影。眉形应画得稍长，位置不宜太高；并加重眼外侧的眼影，以扩大脸的宽度。

(2)发型　可用刘海遮掩前额，产生缩短脸部的视觉效果；也可用精巧的头饰、缎带等增添女性的娇柔。头顶的头发应做得很平，顶部高耸的发型会使脸显得更长。长脸的女性可选择蓬松的发型，而清汤挂面式的直发则不是明智的选择。

3. 优雅的方脸

方脸以双颊骨突出为特点，轮廓分明，极具现代感，给人意志坚定的印象。在化妆时，要设法加以掩饰，增加柔和感。

(1)化妆　胭脂宜涂抹得与眼部平行，可用适合自己肤色的粉底涂于面部，用较深色的粉底在两腮处打出阴影。脸部中央及额部用亮一些的粉底加以强调。唇膏，可涂丰满些，强调柔和感。眉毛应修得稍宽一些；眉形可稍带弯曲，不宜有角。

(2)发型　应利用发梢的设计，恰到好处地遮掩前额与脸侧，发尾内卷的典雅发型是极好的选择。

4. 端庄的椭圆形脸

椭圆形脸可谓公认的理想脸型，化妆时宜注意保持其自然形状，突出其可爱之处，不必通过化妆去改变脸型。

(1)化妆　唇膏，尽量按自然唇形涂抹。着重刻画脸部的立体感，可选择时髦一些的色系。眉毛可顺着眼睛的轮廓修成弧形，眉头应与内眼角齐，眉尾可稍长于外眼角。

(2)发型　这种脸型可选择的发型很多，但也正因如此，反而不知该如何下手。最好是选择既可充分表现脸部娇美又具个性的发型。

(二)优美的手型

作为茶艺人员，首先要有一双纤细、柔嫩的手，平时注意适时地保养，随时保持清洁、干净。双手不要戴太“出色”的首饰，会有喧宾夺主的感觉。手指甲不要涂上颜色，指甲要及时修剪整齐，保持干净，不留长指甲。需要特别注意的是，手上不能残存化妆品的气味，以免影响茶叶的香气。

(三)服饰要求

服饰能反映人的地位、文化水平、文化品位、审美意识、修养程度和生活态度等。服饰要与周围的环境、与着装人的身份、人的身材以及节气协调，这是服饰的四种基本要求。泡茶的服装不宜太鲜艳，要与环境、茶具相匹配，品茶需要一个安静的环境、平和的心态。如果泡茶者的服装太鲜艳，会破坏那种和谐、优雅的气氛，使人有浮躁不安的感觉。服装式样以中式为宜，袖口不宜过宽。

不同脸型人的服饰具体如下。

(1)可爱的圆脸　服饰选择款式简洁的服装体现成熟韵味，饰物也应简而精，避免各种可爱的小饰物。对比强调而清爽的条纹衬衫可让圆脸女士显得理性而端庄。

(2)成熟的长脸　服饰选择职业套装很适合长脸的女性，为了避免过分的单调与刻板，可用围巾或胸针点缀，显得时髦而柔和。优雅的长裙和粉色系针织外套可为长脸形的女士增添一份女性的温柔气质。

(3)端庄的椭圆脸　有一张典雅的椭圆脸，穿什么衣服都会好看，可以古典，也可现代，即使是搭配新潮的配件也不会显得出格。

(4)优雅的方脸　如果想用服饰强调自己充满现代感的个性,可选择时髦的合体西装,也可用充满女性味的服饰表现自己温柔的气质。

第二节　行茶技艺

一、行茶的基本手法(上)

1.茶巾折取用法

(1)茶巾的折法

①长方形(八层式)。用于杯(盖碗)泡法时,以此法折叠茶巾呈长方形放茶巾盘内。以横折为例,将正方形的茶巾平铺桌面,将茶巾上下对应横折至中心线处,接着将左右两端竖折至中心线,最后将茶巾竖着对折即可。将折好的茶巾放在茶盘内,折口朝内。

②正方形(九层式)。用于壶泡法时,不用茶巾盘。以横折法为例,将正方形的茶巾平铺桌面,将下端向上平折至茶巾2/3处,接着将茶巾对折,然后将茶巾右端向左竖折至2/3处,最后对折即成正方形。将折好的茶巾放茶盘中,折口朝内。

(2)茶巾的取用法　双手平伸,掌心向下,张开虎口,手指斜搭在茶巾两侧,拇指与另四指夹拿茶巾;两手夹拿茶巾后同时向外侧转腕,使原来手背向上转腕为手心向上,顺势将茶巾斜放在左手掌呈托拿状,右手握住随手泡壶把并将壶底托在左手的茶巾上,以防冲泡过程中出现滴洒。

2.持壶法

(1)侧提壶

①大型侧提壶法。右手拇指压壶把,方向与壶嘴同向,食、中指握壶把,左手食指、中指按住盖纽或盖;双手同时用力提壶。

②中型侧提壶法。右手食指、中指握住壶把,大拇指按住壶

盖一侧提壶。

③小型侧提壶法。右手拇指与中指握住壶把，无名指与小拇指并列抵住中指，食指前伸呈弓形，压住壶盖的盖纽或盖提壶。如图 6-9 所示。

图 6-9 小型侧提壶操作示范

来源：贾红文，赵艳红．茶文化概论与茶艺实训[M]．北京：清华大学出版社，2010．

（2）飞天壶　四指并拢握住提壶把，拇指向下压壶盖顶，以防壶盖脱落。

（3）握把壶　右手大拇指按住盖纽或盖一侧，其余四指握壶把提壶。

（4）提梁壶　握壶右上角，拇指在上，四指并拢握下。

（5）无把壶　右手虎口分开，平稳握住壶口两侧外壁（食指亦可抵住盖纽）提壶。

3．茶盅的操作手法

茶盅又称茶海、公道杯。一般有两种形式用来拿取茶盅。

（1）无盖后提海　拿取时，右手拇指、食指抓住壶提的上方，中指顶住壶提的中侧，其余二指并拢。

（2）加盖无提海　右手食指轻按盖纽，拇指在流的左侧，剩下三指在流的右侧，呈三角鼎立之势。

4．茶则的操作手法

用右手拿取茶则柄部中央位置，盛取茶叶；拿取茶则时，手不能触及茶则上端盛取茶叶的部位;用后放回时动作要轻。如图 6-10 所示。

图 6-10 茶则的操作示范

来源:贾红文,赵艳红. 茶文化概论与茶艺实训[M]. 北京:清华大学出版社,2010.

5. 茶匙的操作手法

用右手拿取茶匙柄部中央位置,如图 6-11 所示,协助茶则将茶拨至壶中;拿取茶匙时,手不能触及茶匙上端;用后用茶巾擦拭干净放回原处。

图 6-11 茶匙的操作示范

来源:贾红文,赵艳红. 茶文化概论与茶艺实训[M]. 北京:清华大学出版社,2010.

6. 茶夹的操作手法

用右手拿取茶夹的中央位置,如图 6-12 所示,夹取茶杯后在茶巾上擦拭水痕;拿取茶夹时手不能触及茶夹的上部;夹取茶

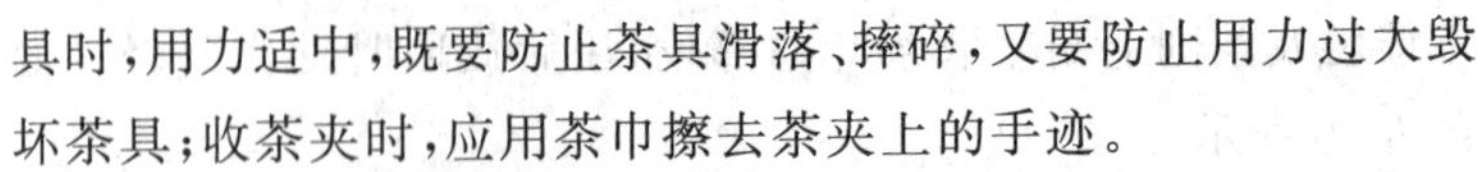

具时，用力适中，既要防止茶具滑落、摔碎，又要防止用力过大毁坏茶具；收茶夹时，应用茶巾擦去茶夹上的手迹。

图 6-12　茶夹的操作示范

来源：贾红文，赵艳红. 茶文化概论与茶艺实训[M]. 北京：清华大学出版社，2010.

7. 茶漏的操作手法

用右手拿取茶漏的外壁放于茶壶壶口，如图 6-13 所示；手不能接触茶漏外壁；用后放回固定位置(茶漏在静止状态时放于茶夹上备用)。

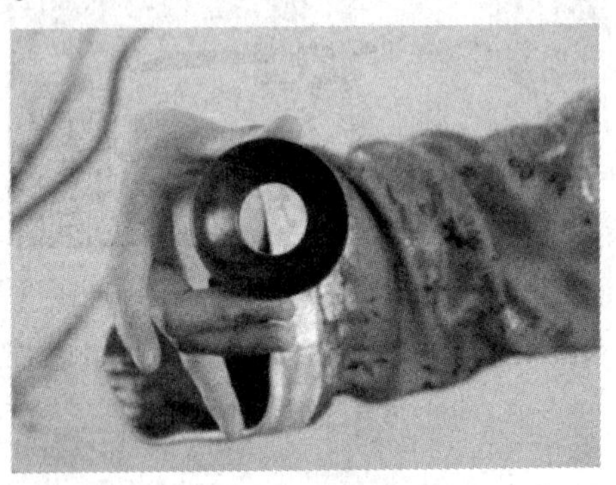

图 6-13　茶漏的操作示范

来源：贾红文，赵艳红. 茶文化概论与茶艺实训[M]. 北京：清华大学出版社，2010.

8. 茶针的操作手法

右手拿取针柄部，如图 6-14 所示，用针部疏通被堵塞的茶叶，刮去茶汤浮沫；拿取时手不能触及茶针的针部位置；放回时用茶巾擦拭干净后用右手放回。

图 6-14 茶针的操作示范

来源：贾红文，赵艳红. 茶文化概论与茶艺实训[M]. 北京：清华大学出版社，2010.

9. 茶荷的操作手法

用左手拿取茶荷：拿取时，拇指与食指拿取两侧，其余手指托起，如图 6-15 所示。

图 6-15 茶荷的操作示范

来源：贾红文，赵艳红. 茶文化概论与茶艺实训[M]. 北京：清华大学出版社，2010.

10. 茶叶罐的操作手法

如图 6-16 所示，用左手拿取茶叶罐，双手拿住茶叶罐下部，左手中指和食指将罐盖上推；打开后，将罐盖交于右手放于桌上，左手拿罐用茶则盛取茶叶；将茶叶罐上印有图案及文字的一面朝向客人；拿取时手勿触及茶叶罐内侧。

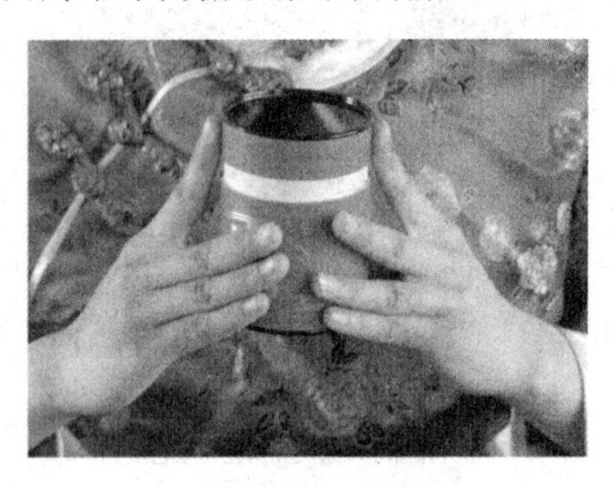

图 6-16　茶叶罐的操作示范

来源：贾红文，赵艳红. 茶文化概论与茶艺实训[M]. 北京：清华大学出版社，2010.

小知识：

茶艺道具之公道杯（茶盅、茶海）公道杯，亦称茶盅、茶海，用于均匀茶汤浓度。

①壶形盅：以茶壶代替用之。

②无把盅：将壶把省略。为区别于无把壶，常将壶口向外延拉成一翻边，以代替把手提着倒水。

③简式盅：无盖，从盅身拉出一个简单的倒水口，有把或无把。

茶盅除具均匀茶汤浓度功能外，还具有过滤茶渣功能。

1. 形状和色彩

盅与壶搭配使用，故最好选择与壶呼应的盅，有时虽可用不同的造型与色彩，但须把握整体的协调感。若用壶代替盅，宜用一大一小、一高一低的两壶，以有主次之分。

2.容量

盅的容量一般与壶同即可，有时亦可将其容量扩大到壶的1.5～2.0倍；在客人多时，可泡两次或三次茶混合后供一道茶饮用。

3.滤渣

在盅的水孔外加盖一片高密度的金属滤网即可滤去茶汤中的细茶末。

4.断水

盅为均分茶汤用具，其断水性能优劣直接影响到均分茶汤时动作的优雅，如果发生滴水四溅的情形是极不礼貌的。所以，在挑选时要特别留意，断水好坏全在于嘴的形状，光凭目测较为困难，以注水试用为佳。

二、行茶的基本手法(下)

(一)温(洁)壶法

1.开盖

单手大拇指、食指与中指拈壶盖的壶纽而提壶盖，提腕依半圆形轨迹将其放入茶壶左侧的盖置(或茶盘)中。

2.注汤

单手或双手提水壶，按逆时针方向回转手腕一圈低斟，使水流沿圆形的茶壶口冲入；然后提腕令开水壶中的水高冲入茶壶；待注水量为茶壶总容量的1/2时复压腕低斟，回转手腕一圈令壶流上扬，使水壶及时断水，然后轻轻将水壶放回原处。

3.加盖

右手完成，将开盖顺序颠倒即可。

4.荡壶

取茶巾置左手上，右手茶壶放在左手茶巾上，双手协调按逆时针方向转动手腕，外倾壶身令壶身内部充分接触开水，将冷气涤荡无存。

5. 弃水

根据茶壶的样式以正确手法提壶将水倒入水盂。

(二)温(洁)盖碗法

1. 开盖

单手用食指按住盖纽中心下凹处，大拇指和中指扣住盖纽两侧提盖，同时向内转动手腕（左手顺时针，右手逆时针）回转一圈，并依抛物线轨迹将盖碗斜搭在碗托一侧。

2. 注水

单手或双手提水壶，按逆时针（或顺时针）方向回转手腕一圈低斟，使水流沿碗口注入；然后提腕高冲；待注水量为碗总容量的 1/3 时复压腕低斟，回转手腕一圈并令壶流上扬，使水壶及时断水，然后轻轻将水壶放回原处。

3. 复盖

单手依开盖动作逆向复盖。

4. 荡碗

右手虎口分开，大拇指与中指搭在内外两侧碗身上部位置，食指屈伸抵住碗盖盖纽下凹处；左手托住碗底，端起盖碗右手按逆时针方向转动手腕，双手协调令盖碗内各部位充分接触热水后，放回茶盘。

5. 弃水

右手提盖纽将碗盖靠右侧斜盖，即在盖碗左侧留一小隙；依前法端起盖碗平移于水盂上方，向左侧翻手腕，水即从盖碗左侧小隙中流进水盂。

(三)温(洁)杯法

1. 品茗杯（或闻香杯）

翻杯时即将茶杯相连排成一字或圆圈，右手提壶，用往返斟水法或循环斟水法向各杯内注入开水至满，壶复位；左手持茶夹，按从左向右的次序，从左侧杯壁夹持品茗杯，侧放入紧邻的右侧品茗杯中(杯口朝右)。用茶夹转动品茗杯一圈,沥尽水归原位,直到最后一只茶杯。最后一杯不再滚洗,直接回转手腕将热水倒入茶盘(茶船)即可。

另外一种方法:将杯子置入高缘的茶盘内,将茶盘内倒入热水浸杯,用茶夹转动杯子使其在热水中旋转数圈。等到要分茶入杯时,用茶夹夹住杯壁取出杯子。

2. 大茶杯

单提开水壶,顺时针或逆时针转动手腕,令水流沿茶杯内壁冲入,约总量的 1/3 后右手提腕断水;逐个注水完毕后水壶复位。右手拿杯底,左手托杯身,杯口朝左,旋转杯身,使开水与茶杯各部分充分接触,在旋转中将杯中水倒入茶船或者茶盘,放下茶杯。

(四)温(洁)盅及滤网法

温盅及滤网法:用开壶盖法揭开盅盖(无盖者省略),将滤网置放在盅内,注开水及其余动作同温壶法。

(五)翻杯法

1. 无柄杯

右手虎口向下、手背向左(即反手)握面前茶杯的左侧基部或杯身,左手位于右手手腕下方,用大拇指和虎口部位轻托在茶杯的右侧基部或杯身;双手同时翻杯,成双手相对捧住茶杯,轻轻放下。对于很小的茶杯如乌龙茶泡法中的品茗杯、闻香杯,可用单手动作左右手同时翻杯,即手心向下,用拇指与食指、中指三指扣住茶杯外壁,向内转动手腕使杯口朝上,然后轻轻将翻好的茶杯置于茶盘上。如图 6-17 所示。

2. 有柄杯

右手虎口向下、手背向左(反手),食指插入杯柄环中,用大拇指与食指、中指三指捏住杯柄,左手手背朝上用大拇指、食指与中指轻扶茶杯右侧基部;双手同时向内转动手腕,茶杯翻好轻轻置杯托或茶盘上。

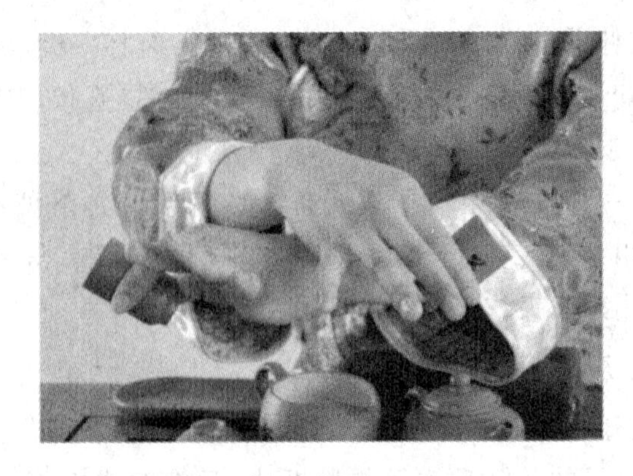

图 6-17　翻杯操作示范

来源：贾红文，赵艳红. 茶文化概论与茶艺实训[M]. 北京：清华大学出版社，2010.

（六）取茶置茶法

1. 开闭茶罐盖

对于套盖式茶样罐而言，双手捧住茶样罐，两手大拇指、食指同时用力向上推盖。当其松动后，进而左手持罐，右手开盖。右手虎口分开，用大拇指与食指、中指捏住盖外壁，转动手腕取下后按抛物线轨迹移放到茶盘中或茶桌上。取茶完毕仍以抛物线轨迹取盖扣回茶样罐，用两手食指向下用力压紧盖好后放回。

2. 取茶样

（1）茶荷、茶匙法　左手横握已开盖的茶样罐，开口向右移至茶荷上方；右手以大拇指、食指及中指三指手背向下捏茶匙，伸进茶样罐中将茶叶轻轻拨出拨进茶荷内，称为"拨茶入荷"；目测估计茶样量，足够后右手将茶匙放回茶艺组合中；依前法取盖压紧盖好，放下茶样罐。待赏茶完毕后，右手重取茶匙，从左手托起的茶荷中将茶叶分别拨进冲泡具中。此法适用于弯曲、粗松茶叶的使用，它们容易纠结在一起，不容易用倒的方式将它们倒出来。如冲泡名优绿茶时常用此法取茶样。

（2）茶则法　左手横握已开盖的茶样罐，右手大拇指、食指、中指和无名指四指捏住茶则柄从茶艺组合中取出茶则；将茶则插入茶样罐，手腕向内旋转舀取茶样；左手配合向外旋转手腕令茶叶疏松易取;茶则舀出的茶叶待赏茶完毕后直接投入冲泡器;然后将茶则复位;再将茶样罐盖好复位。此法适合各种类型茶叶的使用。

三、行茶的基本程式

(一)投茶

投茶主要有上投法、中投法和下投法。

1. 上投法

上投法先将开水注入杯中约七分满,待水温凉至75℃左右时,将茶叶投入杯中,稍后即可品茶。适用于细嫩名优绿茶,如碧螺春、信阳毛尖等。

2. 中投法

中投法先将开水注入杯中约1/3处,待水温凉至80℃左右时,将茶叶投入杯中,再将约80℃的开水注入杯中至七分满处,稍后即可品茶。一般用于龙井、太湖绿、六安瓜片和绿阳春等。

3. 下投法

下投法先将茶叶投入杯中,再用85℃左右的开水加入其中约1/3处,约15 s后再向杯中注入85℃的开水至七分满处,稍后即可品茶。

(二)冲泡

冲泡时的动作要领是:头正身直、目不斜视;双肩齐平、抬臂沉肘(一般用右手冲泡,则左手半握拳自然放在桌上)。

1. 单手回旋注水法

单手提水壶,用手腕逆时针或顺时针回旋,令水流沿茶壶口(茶杯口)内壁冲入茶壶(杯)内。

2. 双手回旋注水法

如果开水壶比较沉,可用此法冲泡。右手提壶,左手垫茶巾托在壶底部;右手手腕逆时针回旋,令水流沿茶壶口(茶杯口)内壁冲入茶壶(杯)内。

3. 回旋高冲低斟法

乌龙茶冲泡时常用此法。先用单手回旋注水法，单手提开水壶注水，令水流先从茶壶壶肩开始，逆时针绕圈至壶口、壶心，提高水壶令水流在茶壶中心处持续注入，直至七分满时压腕低斟（仍同单手回旋注水法）；注满后提腕令开水壶壶流上扬断水。

4.“凤凰三点头”注水法

水壶高冲低斟反复3次，寓意为向来宾鞠躬3次以示欢迎。高冲低斟是指右手提壶靠近壶口或杯口注水，再提腕使开水壶提升，此时水流如高山流水，接着仍压腕将开水壶靠近壶口或杯口继续注水。如此反复3次，恰好注入所需水量即提腕断流收水。

（三）斟茶

将泡好的茶汤一次全部斟入茶海内，使茶汤在茶海内充分混合，达到一致的浓度，接着便可以持茶海分茶入杯。斟茶时应注意不宜太满，“茶满欺客，酒满心实”这是中国谚语。

俗话说：“茶倒七分满，留下三分是情意”，这既表明了宾主之间的良好感情，又出于安全的考虑，七分满的茶杯非常好端，不易烫手。

小知识：

只斟茶七分满

“七分茶、八分酒”是我国的一句俗语，也就是说斟酒斟茶不可斟满，茶斟七分，酒斟八分，否则，让客人不好端，溢出来不但浪费，还会烫着客人的手或洒泼到他们的衣服上，不仅令人尴尬，同时也使主人失了礼数。因此，斟酒斟茶以七八分为宜，太多或太少都是不可取的。

“斟茶七分满”这句话还有这样一个典故，是关于两个名人王安石和苏东坡的故事。

一日，王安石刚写下了一首咏菊的诗：“西风昨夜过园林，吹落黄花满地金。”正巧有客人来了，他这才停下笔，去会客了。这时刚好苏东坡也来了，他平素恃才傲物、目中无人，当看到这两句诗后，心想王安石真有点老糊涂了。菊花最能耐寒、耐久，敢与秋霜斗，他所见到的菊花只有干枯在枝头，哪有被秋风吹落得满地皆是呢？“吹落黄花满地金”显然是大错特错了。于是他也不管王安石是他的前辈和上级，提起笔来，在纸上接着写了两句：“秋英不比春花落，说与诗人仔细吟。”写完就走了。

王安石回来之后看到了纸上的那两句诗，心想着这个年轻人实在有些自负，不过也没有声张，只是想用事实教训他一下，于是借故将苏东坡贬到湖北黄州。临行时，王安石让他再回来时为自己带一些长江中峡的水回来。

苏东坡在黄州住了许久，正巧赶上九九重阳节，就邀请朋友一同赏菊：可到了园中一看，见菊花纷纷扬扬地落下，像是铺了满地的金子，顿时明白了王安石那两句诗的含义，同时也为自己曾经续诗的事感到惭愧。

等苏东坡从黄州回来之后，由于在路途上只顾观赏两岸风景，船过了中峡才想起取水的事，于是就想让船掉头。可是三峡水流太急，小船怎么能轻易回头？没办法，他只能取些下峡的水带给王安石。

王安石看到他带来了水很高兴，于是取出皇上赐给他的蒙顶茶，又用这水冲泡。斟茶时，他只倒了七分满！苏东坡觉得他太过小气，一杯茶也不肯倒满。王安石品过茶之后，忽然问：“这水虽然是三峡水，可不是中峡的吧？”苏东坡一惊，连忙把事情的来由说了一遍。王安石听完这才说：“三峡水性甘纯活泼，泡茶皆佳，唯上峡失之轻浮，下峡失之凝浊，只有中峡水中正轻灵，泡茶最佳”。他见苏东坡恍然大悟一般，又说：“你见老夫斟茶只有七分，心中一定编排老夫的不是。这长江水来之不易，你自己知晓，不消老夫饶舌，这蒙顶茶进贡，一年正贡 365 叶，陪茶 20 斤，皇上钦赐，也只有论钱而已，斟茶七分，表示茶叶的珍贵，也是表示对送礼人的尊敬；斟满杯让你驴饮，你能珍惜吗？好酒稍为宽裕，也就八分吧。”

由此，“七分茶，八分酒”的这个习俗就流传了下来。现如今，“斟茶七分满”已成为人们倒茶必不可少的礼仪之一，这不仅

代表了主人对客人的尊敬，也体现了我国传统文化的博大精深。

(四)奉茶

双手端起茶托，收至自己胸前；从胸前将茶杯端至客人面前，轻轻放下，伸出右掌，手指自然合拢，行伸掌礼，示意“请喝茶”。

奉茶时要注意先后顺序，先长后幼、先客后主。在奉有柄茶杯时，一定要注意茶杯柄的方向是客人的顺手面，即有利于客人右手拿茶杯的柄。杯子若有方向性，如杯面画有图案，使用时，不论放在操作台上还是摆在奉茶盘上，都要正面朝向客人。如图 6-18 所示。

图 6-18　奉茶操作示范

来源：贾红文，赵艳红. 茶文化概论与茶艺实训[M]. 北京：清华大学出版社，2010.

(五)品茗

1. 盖碗品茗法

右手端住茶托右侧，左手托住底部端起茶碗；右手用拇指、食指、中指捏住盖纽掀开盖；右手持盖至鼻前闻香。左手端碗，右手持盖向外撇茶 3 次，以观汤色。右手将盖倾斜盖放碗口；双手将碗端至嘴前啜饮。

2. 闻香杯与品茗杯品茗法

(1)闻香杯与品茗杯翻杯技法　左手扶茶托，右手端品茗杯反扣在盛有茶水的闻香杯上(右手食指压品茗杯底,拇指、中指持杯身)。右手用食指、中指反夹闻香杯,拇指抵在品茗杯上(手心向上);内旋右手手腕,使手心向下,拇指托住品茗杯;左手端住品茗杯,然后双手将品茗杯连同闻香杯一起放在茶托右侧。如图 6-19 所示。

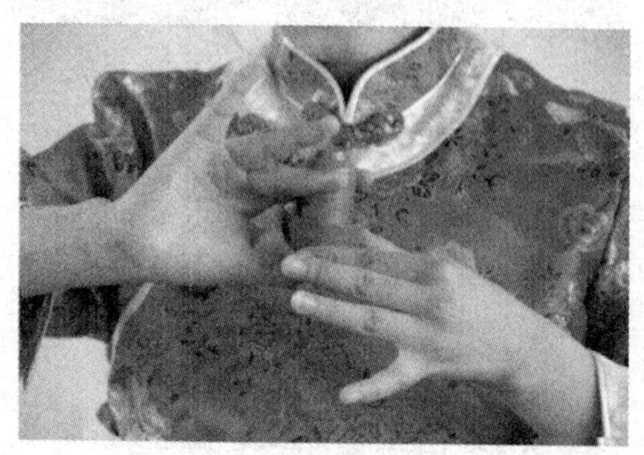

图 6-19 翻杯操作示范

来源:贾红文,赵艳红.茶文化概论与茶艺实训[M].
北京:清华大学出版社,2010.

(2)闻香与品茗手法 左手扶住品茗杯,右手旋转闻香杯后提起,使闻香杯中的茶倾入品茗杯,右手提起闻香杯后握于手心,左手斜搭于右手外侧上方闻香,使杯中的香气集中进入鼻孔。如图 6-20 所示。

图 6-20 闻香操作示范

来源:贾红文,赵艳红.茶文化概论与茶艺实训[M].
北京:清华大学出版社,2010.

用拇指、中指捏住杯壁，无名指抵住杯底，食指挡于杯上方，男性单手端杯，女性左手手指托住杯底，小口啜饮。如图 6-21 所示。

图 6-21　品茗操作示范

来源：贾红文，赵艳红. 茶文化概论与茶艺实训[M].

北京：清华大学出版社，2010.

小知识：

续水揭盖的由来

清朝中期，成都的茶馆业十分兴旺发达。当时在大南门外边有一兴昌茶馆，老板忠厚老实，可偏偏三天两头的有小混混前来捣乱。这里面有一个叫郭菜的混混，好吃懒做，游手好闲，父亲留给的大部分家产已让他挥霍一空，所以这几年就干些坑蒙拐骗之事。这天上午，他闲步来到茶馆，要了一盅上好花茶、半斤花生。半天之后，茶足了，便想着不给茶钱的脱身之术。只见他乘人不备之时，把茶盅里的剩茶倒在竹桌之下，从口袋里掏出早已备好的绿头雀，偷偷放进茶盅里，用盖盖好，便闲着无事般看着路景。不一会儿，老板过来续水，一揭盖子，只见里面的雀儿忽地一下飞走了。这下郭菜便得理不饶人了，问老板，放跑了他心爱的绿头雀，打算怎么赔？老板为了免惹事端，只好破财消灾，免去了这小混混的茶钱，还赔了一些银子。

第二天，进来喝茶的人们都看见茶馆的门前挂了一块牌子："凡本店茶客，如要续水，自己先揭开茶盖，万望谅解。"此牌一出，小混混去的少了，前来喝茶的人多了，老板反而挣了许多钱，于是许多茶馆争相仿照，后来流传下来，客人续水揭盖就成了一种习俗。

知识链接：

§ 国外茶俗

茶文化在传播到世界各地的过程中，同各国人民的生活方式、风土人情，乃至宗教意识相融合，由此呈现出五彩缤纷的世界各民族饮茶习俗。

一、亚洲茶俗

1. 日本茶道

日本的制茶与饮茶方法，至今还保持着中国唐宋时代的古风。现代日本茶道，一般在大小不一的茶室进行，室内摆设珍贵古玩以及与茶相关的名人书画，中间放着供烧水的陶炭炉、茶釜等，炉前排列着茶碗和各种饮茶用具。茶道仪式，可分为庆贺、迎送、叙事、叙景等不同内容。友人到达时，主人已在门口敬候。茶道开始，宾客依次行礼后入席，主人先捧出甜点供客人品尝，以调节茶味。之后，主人严格按一定规程泡茶，按照客人的辈分大小，从大到小，依次递给客人品饮。点水、冲茶、递接、品饮都有规范动作。另外，日本茶道非常讲究茶具的选配，一般选用的多是历代珍品或比较贵重的瓷器。品饮时，还须结合对茶碗的欣赏，然后连声赞美，以示敬意。茶道完毕时，女主人还会跪在茶室门侧送客。日本还有樱花茶、大麦茶、紫苏茶、海带茶、梅花茶等，但这些实际上不能算茶，类似于中国的菊花茶，只是保健饮料而已。如樱花茶，清水中漂几朵腌渍的樱花，据说元旦饮之，一年无病无灾，最近，日本的年轻人也开始喜欢喝中国茶，很多曾一度痴迷于葡萄酒的二三十岁的男性也成了新的“品茶一族”。

2. 韩国茶礼

韩国茶礼的过程包括迎客、茶室陈设、书画和茶具的造型与排列、投茶、注茶、茶点、吃茶等。韩国人喝茶，可以没有茶叶。大麦茶、玉米茶、柚子茶、大枣茶、人参茶、生姜茶、枸杞茶、桂皮

茶、木瓜茶等，没有一样有茶叶的影子，却赫然都冠着“茶”的名字。韩国人主张医食同源，故形成了独特的饮食茶。韩国有“药膳”的传统，讲究食补，百味皆可入日常饮食，像人参这样的珍贵药材自然可以做菜做茶，而大麦、玉米这类五谷杂粮，在韩国人看来也是上好的“茶叶”。

每年的5月25日是韩国的茶日，这一天会举行大型的茶文化祝祭活动，主要内容有韩国茶道协会的传统茶礼表演，如成人茶礼和高丽五行茶礼以及新罗茶礼、陆羽品茶汤法等。成人茶礼是韩国茶日的重要活动之一。具体是指通过茶礼仪式，对刚满20岁的少男少女进行传统文化和礼仪教育，其程序是会长献烛，副会长献花，冠者（即成年）进场向父母致礼向宾客致礼，司会致成年祝词，进行献茶式，冠者合掌致答词，冠者再拜父母，父母答礼。以此来培养即将步入社会的年轻人的社会责任感。

3. 巴基斯坦茶俗

巴基斯坦是伊斯兰国家，绝大部分为穆斯林，禁止饮酒，但可饮茶。当地气候炎热，居民多食用牛、羊肉和乳制品，缺少蔬菜，因此，长期以来养成了以茶代酒、以茶消腻、以茶解暑、以茶为乐的饮茶习俗。巴基斯坦大多习惯于饮红茶。由于巴基斯坦原为英属印度的一部分，因此饮茶带有英国色彩。饮红茶时，普遍爱好的是牛奶红茶。饮茶方法除机关、工厂、商店等采用冲泡法，大多采用茶炊烹煮法。即先将开水壶中的水煮沸，然后放上红茶，再烹煮3～5 min，随即用滤器滤去茶渣，然后将茶汤注入茶杯，再加上牛奶和糖调匀即饮。另外也有少数不加牛奶而代之以柠檬片的，也叫柠檬红茶。

在巴基斯坦的西北高地，以及靠近阿富汗边境的牧民，也有饮绿茶的。饮绿茶时，多数配以白糖，并加几粒小豆蔻，也有清饮，或添加牛奶和糖的。

4. 阿富汗茶俗

阿富汗，在古时叫“大月氏国”，地处亚洲西南部，还是一个多民族国家，但绝大部分信奉伊斯兰教。由于教义规定禁酒，饮茶就成了阿富汗人的习俗。通常我们会对伊斯兰国家的人为什么热衷于饮茶作出这样一种解读——伊斯兰国家的人饮食习惯多以牛、羊肉为主,难得食用蔬菜,而饮茶恰恰有助于消化,又能补充维生素。而阿富汗人还把茶当作沟通人际关系的桥梁,以培养大家和睦情趣。因此,茶对于阿富汗人民来说,是生活中真正的必需品。在伊斯兰国家,通常人们喜欢用叫作"萨玛瓦勒"的茶炉煮茶(图6-22)。茶炊多用铜制作而成,圆形,顶宽有盖,底窄,装有茶水龙头,其下还可用来烧炭,中间有烟囱,有点像中国传统火锅似的。说是茶炉,可用烧炭煮之;说是茶壶,可以直接注水,总之,应该说是多功能的茶炉壶具。

图6-22 阿富汗茶壶

阿富汗人通常夏季以喝绿茶为主,冬季以喝红茶为多。在阿富汗街上,也有类似于中国的茶馆,或者饮茶与卖茶兼营的茶店。传统的茶店和家庭,茶炊有大有小,茶店用的一般可装10 kg水;家庭用的,一般用容水1~2 kg。按阿富汗人的习惯,凡有亲朋进门,总喜欢大家一起围着茶炊边煮茶、边叙事、边饮茶,这是一种富含情趣的喝茶方式。在阿富汗乡村,还有喝奶茶的习惯。这种茶的风味,很有点像中国蒙古族的咸奶茶。煮奶茶时,先用茶饮煮茶,滤去茶渣,浓度视各人需要而定。另用微火将牛奶熬成稠厚状后,再调入在茶汤中,用奶量一般为茶汤的四分之一。最后,重新煮开,加上适量盐巴即可。这种饮茶习惯,多见于阿富汗牧区。

5. 土耳其茶俗

土耳其人喜欢喝红茶，喝茶用玻璃杯、小匙、小碟（图 6-23）。煮茶时使用一大一小两把铜茶壶：先用大茶壶放置木炭火炉子上煮水，再将小茶壶放在大茶壶上。茶的用量按 30～50 mL 水 1 g 茶的比例投放。待大茶壶中的水煮沸后，就将沸水冲入放有茶的小茶壶中，经 3～5 min 后，将小茶壶中的浓茶汁按各人对茶浓淡的需求，将数量不等的浓茶汁分别倾入各个小玻璃杯中，再加上一些白糖，用小匙搅拌几下，使茶、水、糖混匀后便可饮用。土耳其人煮茶，讲究调制功夫。认为只有色泽红艳透明、香气扑鼻、滋味甘醇可口的茶才是恰到好处。因此，土耳其人煮茶时，总要夸煮茶的功夫。在一些旅游胜地的茶室里，还有专门的煮茶高手，教游客煮茶的。在这里，既能学到土耳其煮茶技术，又能尝到土耳其茶的滋味，使饮茶变得更有情趣。

图 6-23　阿富汗茶具

二、欧美茶俗

1. 英国的下午茶

红茶是英国人普遍喜爱的饮料，80％的英国人每天饮红茶，茶叶消费量约占各种饮料总消费量的一半（图 6-24）。英国本土不产红茶，而茶的人均消费量占全球首位，因此，红茶的进口量长期遥居世界第一。

英国饮茶，始于 17 世纪。1662 年葡萄牙凯瑟琳公主嫁与

图 6-24　英国红茶

英王查尔斯二世，饮茶风尚带入皇室。凯瑟琳公主使饮茶之风在朝廷盛行起来，继而又扩展到王公贵族和贵豪世家，乃至普通百姓。为此，英国诗人沃勒在凯瑟琳公主结婚一周年之际，特地写了一首有关茶的赞美诗："花神宠秋月，嫦娥矜月桂；月桂与秋色，难与茶比美。"

英国人特别注重午后饮茶，其源始于18世纪中期。因英国人重视早餐，轻视中餐，直到晚上8时以后才进晚餐。由于早、晚两餐之间时间长，使人有疲惫饥饿之感。为此，英国公爵斐德福夫人安娜就在下午5时左右，请大家品茗用点，以提神充饥，此法深得赞许。久而久之，午后茶逐渐成为一种风习，一直延续至今。如今，在英国的饮食场所、公共娱乐场所等，都有供应午后茶的。在英国的火车上，还备有茶篮，内放茶、面包、饼干、红糖、牛奶、柠檬等，供旅客饮午后茶用。午后茶，实际上是一餐简化了的茶点，一般只供应一杯茶和一碟糕点。只有招待贵宾时，内容才会丰富。饮午后茶，已是当今英国人的重要生活内容，并已开始传向欧洲其他国家，并有扩展之势。英国人泡茶用的茶具一般为瓷制，富裕家庭也用银制茶壶泡茶。英国家庭习惯一家人坐在饭桌旁一起喝茶。到英国人家中做客，如果不是饮茶时间，主人不会用茶招待。初次来访的客人，主人也不会待之以茶。在英国人家喝茶，一般由女主人倒茶，如果客人喝完还想再喝，千万不能自己倒茶，而应请女主人替你倒茶，否则会被认为没有教养。随着现代工业文明的发展，人们生活节奏的加快，袋泡茶、茶饮料等方便、快捷的茶饮成为英国人生活中的新内容。

2. 美国冰茶

在美国，无论是茶的沸水冲泡汁，还是速溶茶的冷水溶解液，直至罐装茶水，他们饮用时，多数习惯于在茶汤中投入冰块，或者饮用前预先置于冰柜中冷却为冰茶。冰茶之所以受到美国人的欢迎，是因为冰茶顺应了快节奏的生活方式，消费者还可结合自己的口味，添加糖、柠檬或其他果汁等。如此饮茶，既有茶的醇味，又有果的清香。尤其是在盛夏，饮之满口生津，暑气顿消。

3. 荷兰茶俗

在欧洲，荷兰是饮茶的先驱。远在 17 世纪初期，荷兰商人凭借在航海方面的优势，远涉重洋，从中国装运绿茶至爪哇，再辗转运至欧洲。最初，茶仅仅是作为宫廷和豪富社交礼仪和养生健身的奢侈品，以后逐渐风行于上层社会。18 世纪初，荷兰上演的喜剧《茶迷贵妇人》就是当时饮茶风潮的写照。目前荷兰人的饮茶热已不如过去，但尚茶之风犹在。他们不但自己饮茶，也喜欢以茶会友。所以，凡上等家庭，都专门辟有一间茶室。他们饮茶多在午后进行。若是待客，主人还会打开精致的茶叶盒，供客人自己挑选心爱的茶叶，放在茶壶中冲泡，通常一人一壶。

4. 法国茶俗

法国位于欧洲西部，西靠大西洋。自茶作为饮料传到欧洲后，就立即引起法国人民的重视。17 世纪中期的《传教士旅行第九章茶之礼记》一书中叙述了“中国人之健康与长寿，当归功于茶，此乃东方常用之饮品。”以后，几经宣传和实践，激发了法国人民对“可爱的中国茶”的向往与追求，使法国饮茶从皇室贵族和有闲阶层，逐渐普及到民间，成为人们日常生活和社交不可或缺的内容。

现代法国人最爱饮的是红茶、绿茶、花茶和沱茶。饮红茶时，习惯于采用冲泡或烹煮法，类似英国人饮红茶习俗，通常取一小撮红茶放入杯内，冲上沸水，再配以糖或牛奶。也有在茶中拌以新鲜鸡蛋，再加糖冲饮的。还有在饮茶时加柠檬汁或橘子汁的，更有在茶水中掺入杜松子酒或威士忌酒；做成清凉的鸡尾酒饮用。法国人饮绿茶一般要在茶汤中加入方糖和新鲜薄荷叶，做成甜蜜透香的清凉饮料饮用。20世纪80年代以来，爱茶和香味的法国人，也对花茶发生了浓厚的兴趣。近年来，特别在一些法国青年人中，又对带有花香、果香、叶香的加香红茶发生兴趣，成为时尚。沱茶，主产于中国西南地区，因它具有特殊的药理功能，所以深受法国中、老年消费者的青睐，每年从中国进口量达2 000 t。

三、非洲茶俗

非洲人普遍信仰伊斯兰教，教规禁酒，而饮茶有提神清心、驱睡生津之效，加上非洲地区常年天气炎热，气候干燥，而茶能消暑热，补充水分和营养，另外非洲人常年以食牛、羊肉为主，少食蔬菜，而饮茶能去腻消食，又可以补充维生素类物质，所以饮茶已成为非洲人日常生活的主要内容。无论是亲朋相聚、婚丧嫁娶，还是宗教活动，均以茶待客。

非洲人爱喝绿茶，消费量之大在世界上数一数二。但非洲人的饮茶习惯是在绿茶里放入新鲜的薄荷叶和白糖，熬煮后饮用。非洲人饮茶的冲泡浓度，投茶量至少比中国多出一倍。饮茶次数，至少一天在三次以上，而且一次多杯。而客来敬茶，则与中国相同。主人一般都会走出院门或到帐篷外迎候客人，见面后非常亲热地与客人拥抱。客人进门，宾主席地而坐，交谈之前，一般要请客人饮薄荷茶三杯，以此显示主人的真情。按照古老的谚语解释，奉茶三杯分别表示“祝福、忠告和提示”。第一杯祝爱情如蜜一样甜美，第二杯要记住生活如薄荷一样清香苦涩，第三杯则提醒生命有限、死亡无情。非洲人常以敬茶三杯作为待客的礼节，故得名“三杯茶”。主人敬“三杯茶”时，客人都应接受，否则会被认为很不礼貌。但如主人敬以第四杯时，客人则不应再接受，否则同样会被视为是一种失礼。三次敬茶礼尚未完，客人不要中途告辞，这是对主人的尊重。

非洲地区国家都在我国派驻有绿茶采购团。不过非洲人不爱喝新绿茶，而喜欢陈年绿茶。即便送给他们最高级的新绿茶，加上薄荷一煮也都成“中药汤”味了。

§ 我国常见茶礼茶俗

一、汉族的茶俗

汉民族自来有“礼仪之邦”之誉，儒家礼文化构成了中华茶文化的基本精神内里与品性，汉民族茶文化尚礼，而不拘于礼。“礼之用，和为贵”，求仁、贵和是礼文化的本质。这一特征也表现在汉民族的茶礼茶俗上。

1.客来敬茶

在我国，以茶待客的礼仪由来已久。在两晋、南北朝时“客坐设茶”，在江南一带便已成为普遍的待客礼仪。到唐朝，它发展为全国性的礼俗。如刘禹锡《秋日过鸿举法师寺院便送归江陵》吟：“客至茶烟起，禽归讲席收”；白居易《曲生访宿》称：“林家何所有，茶果迎来客”；李咸用《访友人不遇》记：“短棒应棒杖；稚女学擎茶”；以及杜荀鹤《山居寄同志》所说：“垂钓石台依竹垒，待宾茶灶就岩泥”等。

唐朝刘贞亮赞美茶有“十德”，认为“以茶散郁气，以茶驱睡气，以茶养生气，以茶驱病气，以茶树礼仁，以茶表敬意，以茶尝滋味，以茶养身体，以茶可行道，以茶可雅志。”在中国人的待客之道里，酒饭可以简陋甚至省略，但是茶是必不可少的。

当有客来访时，可征求客人意见，选用最合来客口味的茶叶、使用最佳茶具待客。主人应以双手握杯敬茶，并注意握杯的位置，一般是以左手托杯底，右拇指、食指和中指扶住杯身中下部，躬身用双手敬茶。这样既表达了对客人的尊重，又是注意卫生的表现。如果是使用小品茗杯敬茶，可将品茗杯放置在茶托上，双手端住杯托敬茶，同时注意轻拿轻放，切忌茶杯茶托与桌面碰撞发出很大的声响，影响客人的心情。

中国人敬茶，以敬热茶表示尊重恭敬，斟茶入杯以七分满为礼貌周全。给客人敬茶时，若茶水倒得太满，客人会因杯身太烫而握不住茶杯，或者因茶水太满而容易使茶汤洒落。主人在陪伴客人饮茶时，要注意客人杯、壶中的茶水的残留量。如已喝去一半，就要添加开水，随喝随添，使茶水浓度基本保持前后一致，水温适宜。

“一杯香茗暂留客。”客来敬茶、以茶会友的习俗也间接反映出中华民族千年历史和文化中蕴含的一个“礼”字，体现了中国人民重情好客的传统美德。

2. 叩桌行礼

人们在饮茶时，经常能看到冲泡者给客人奉茶、续水时，端坐桌前的客人往往会把右手食指、中指并拢，自然弯曲，缓慢地轻轻叩打桌面，以示行礼之举。这一动作俗称为“叩桌行礼”，人们形象地称其为“屈指代跪”。

这种茶俗相传起源于清代乾隆年间。史载，清代乾隆皇帝曾 6 次微服巡游江南，4 次到过杭州龙井茶区，还先后为龙井茶作过 4 首茶诗。有一次在江南茶馆喝茶，他一时兴起，抓起茶壶起身为随从们续水斟茶，可把大家吓坏了，哪有皇上给奴才斟茶的道理！无论皇帝给的什么东西都属于赏赐，接受者都要跪下谢恩，但在公共场合，又不能暴露身份，情急之下，随从们便以双指弯曲，表示“双腿跪下”；不断叩桌，表示“连连叩头”。这就是叩桌行礼的由来。

此举传到民间，从此以后，民间饮茶者往往用双指叩桌，以示对主人亲自为大家泡茶的一种恭敬之意，沿用至今。

3. 以茶代酒

古代的齐世祖、陆纳等曾提倡以茶代酒。武夷山民间也一直流传着“客至莫嫌茶当酒”的风俗。客人来的时候，寒暄问候，邀请入座，主人立即洗涤壶盏，升火烹茶，冲沏茶水，敬上一杯香茶。

《三国志·吴书·韦曜传》有着一则史籍中最早关于“以茶代酒”的记载。三国时吴国的末代国君孙皓，有一大癖好就是爱喝酒，这点很像他的祖父孙权，并且有过之而无不及。他每次设宴都要求“座客至少饮酒七升”。朝臣韦曜，博学多闻，深为孙皓所器重。但韦曜不胜酒力，平时饮酒一般不超过两升，孙皓就特别礼待他，常常破例为他减少数量，或者暗中赐给茶水以代酒，这就是孙皓首创的“以茶代酒”的最早来历。“以茶代酒”,是历史留给后人的宝贵财富。时至今日,“以茶代酒”这句口头语,仍在酒桌上频频使用,成为了一件文雅之举。

4. 捂碗谢茶

按中国人的待客习惯,当客人的茶在杯中仅留下三分之一时,就得续水。此时,客人若不想再饮,或已经饮得差不多了,或不再饮茶想起身告辞时,便可以平摊右手掌,手心向下,手背朝上,轻轻移动手臂,用手掌在茶杯(碗)之上捂一下。这个动作所表达的意思是:谢谢你,请不必再续水了!主人见此情景,便明白客人已经喝好了,不需要再续水了。

与叩桌谢茶不同的是,叩桌谢茶是在主人为客人斟茶或续水后,客人为表示谢意而进行的一种谢礼方式,随斟随谢、再斟再谢。而捂碗谢茶则是客人为表明不需要再喝茶了或者准备离开的一个动作示意,主客双方不言自明,心领神会,无声胜有声。

二、少数民族的茶俗

(1)藏族　酥油茶、甜茶、奶茶、油茶羹。

(2)维吾尔族　奶茶、奶皮茶、清茶、香茶、甜茶、茯砖茶。

(3)蒙古族　奶茶、砖茶、盐巴茶、黑茶、咸茶。

(4)回族　三香碗子茶、糌粑茶、三炮台茶、茯砖茶。

(5)哈萨克族　酥油茶、奶茶、清真茶、米砖茶。

(6)壮族　打油茶、槟榔代茶。

(7)彝族　烤茶、陈茶。

(8)满族　红茶、盖碗茶。

(9)侗族　豆茶、青茶、打油茶。

(10)黎族　黎茶、芎茶。

(11)白族　三道茶、烤茶、雷响茶。

(12)傣族　竹筒香茶、煨茶、烧茶。

(13)瑶族　打油茶、滚郎茶。

(14)朝鲜族　人参茶、三珍茶。

(15)布依族　青茶、打油茶。

(16)土家族　擂茶、油茶汤、打油茶。

(17)哈尼族　煨酽茶、煎茶、土锅茶、竹筒茶。
(18)苗族　米虫茶、青茶、油茶、茶粥。
(19)景颇族　竹筒茶、腌茶。
(20)土族　年茶。
(21)纳西族　酥油茶、盐巴茶、龙虎斗、糖茶。
(22)傈僳族　油盐茶、雷响茶、龙虎斗。
(23)佤族　苦茶、煨茶、擂茶、铁板烧茶。
(24)畲族　三碗茶、烘青茶。
(25)高山族　酸茶、柑茶。
(26)仫佬族　打油茶。
(27)东乡族　三台茶、三香碗子茶。
(28)拉祜族　竹筒香茶、糟茶、烤茶。
(29)水族　罐罐茶、打油茶。
(30)柯尔克孜族　茯茶、奶茶。
(31)达斡尔族　奶茶、荞麦粥茶。
(32)羌族　酥油茶、罐罐茶。
(33)撒拉族　麦茶、茯茶、奶茶、三香碗子茶。
(34)锡伯族　奶茶、茯砖茶。
(35)仡佬族　甜茶、煨茶、打油茶。
(36)毛南族　青茶、煨茶、打油茶。
(37)布朗族　青竹茶、酸茶。
(38)塔吉克族　奶茶、清真茶。
(39)阿昌族　青竹茶。
(40)怒族　酥油茶、盐巴茶。
(41)普米族　青茶、酥油茶、打油茶。
(42)乌孜别克族　奶茶。
(43)俄罗斯族　奶茶、红茶。
(44)德昂族　砂罐茶、腌茶。
(45)保安族　清真茶、三香碗子茶。
(46)鄂温克族　奶茶。
(47)裕固族　炒面茶、甩头茶、奶茶、酥油茶、茯砖茶。

(48)京族　青茶、槟榔茶。

(49)塔塔尔族　奶茶、茯砖茶。

(50)独龙族　煨茶、竹筒打油茶、独龙茶。

(51)珞巴族　酥油茶。

(52)基诺族　凉拌茶、煮茶。

(53)赫哲族　小米茶、青茶。

(54)鄂伦春族　黄芹菜。

(55)门巴族　酥油茶。

参考文献

[1] 贾红文,赵艳红.茶文化概论与茶艺实训[M].北京:清华大学出版社,北京交通大学出版社,2010.

[2] 杨学富,张晓明.茶艺[M].大连:东北财经大学出版社,2012.

[3] 黄木生,涂连芳,李晓梅.简明中国茶艺[M].武汉:湖北科学技术出版社,2014.

[4] 朱自励.茶艺理论与实践[M].北京:中国人民大学出版社,2014.

[5] 黄木生,李晓梅,屠连芳.中国茶艺:纪念茶圣陆羽诞辰1 280周年[M].武汉:湖北科学技术出版社,2013.

[6] 丁以寿.中国茶艺[M].合肥:安徽教育出版社,2011.

[7] 王明强,刘晓芬.茶艺点津[M].天津:天津大学出版社,2011.

[8] 徐寒.中华茶典(上)[M].北京:中国书店,2010.

[9] 周爱东,郭雅敏.茶艺赏析[M].北京:中国纺织出版社,2008.